ABHANDLUNGEN DER DEUTSCHEN AKADEMIE DER WISSENSCHAFTEN ZU BERLIN

Klasse für Mathematik und allgemeine Naturwissenschaften

Jahrgang 1950 Nr. 4

ERICH THILO, HERBERT FUNK
EVA MARIA WICHMANN

ÜBER NEUTRALE UND SAURE SALZE NIEDRIGMOLEKULARER KIESELSÄUREN UND IHRE KONDENSATIONSPRODUKTE

1951

AKADEMIE-VERLAG BERLIN

Im Auszug vorgetragen unter dem Titel
„Wege zu einer Strukturchemie der Silikate" in der Gesamtsitzung
am 27. Juli 1950
Zum Druck genehmigt am gleichen Tage, ausgegeben am 28. August 1951

Erschienen im Akademie-Verlag GmbH., Berlin NW 7, Schiffbauerdamm 19
Lizenz-Nr. 156 · 100/16/51
Satz und Druck: Deutsche Wertpapier-Druckerei VEB, Leipzig, III/18/185
Bestell- und Verlagsnummer: 2001/50/I/4
Preis: 7,20 DM
Printed in Germany

INHALTSVERZEICHNIS

Seite

I. ÜBERSICHT

In der vorliegenden Arbeit* wird versucht, mit präparativ-chemischen Methoden und durch systematischen Auf- und Abbau die Konstitution gewisser Calcium- und Calcium-Natrium-Hydrosilikate zu beweisen und damit eine Strukturchemie der Silikate zu begründen, wobei vorausgesetzt wird, daß das Silizium dem Sauerstoff gegenüber *stets* die Koordinationszahl vier hat. Ausgehend vom Calcium-dinatrium-monosilikat, dessen Konstitution röntgenographisch gesichert ist, wurden durch geeignet geleitete Hydrolysen entsprechend dem Schema:

$$CaNa_2[SiO_4] \rightarrow CaNa[HOSiO_3] \rightleftharpoons Ca[(HO)_2SiO_2]$$

das Calcium-natrium-hydromonosilikat und Calcium-dihydromonosilikat gewonnen.

Durch Neutralisation, besonders mit Hilfe von Alkoholat, läßt sich das $Ca[H_2SiO_4]$ wieder rückwärts in das $CaNa[HSiO_4]$ überführen. Das $CaNa_2[SiO_4]$ ist auf diese Weise aber nicht wieder zu erhalten. Aus dem $CaNa[HSiO_4]$ entsteht beim Erhitzen unter Wasseraustritt gemäß

$$2\,CaNa[HSiO_4] \rightleftharpoons H_2O + Ca_2Na_2[Si_2O_7]$$

das Dicalcium-dinatrium-disilikat.

Aus dem $Ca[H_2SiO_4]$, für das eine einfache Darstellungsmethode durch Fällung von Natriumsilikatlösung mit Calciumchlorid angegeben wird, bilden sich bei höheren Temperaturen, je nach den Bedingungen,

1. der β-Wollastonit $Ca_3[Si_3O_9]$ mit einem ringförmigen Anion aus drei $[SiO_4]$-Tetraedern

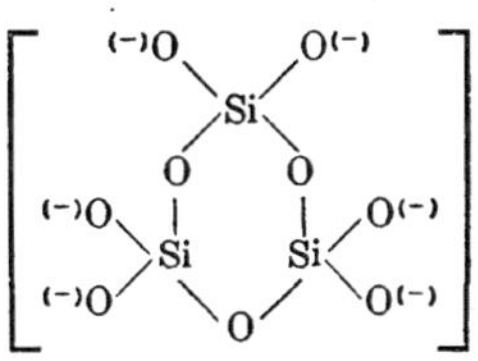

2. der Xonotlith $Ca_4[H_2Si_4O_{13}]$ mit einem Kettenanion aus vier $[SiO_4]$-Tetraedern

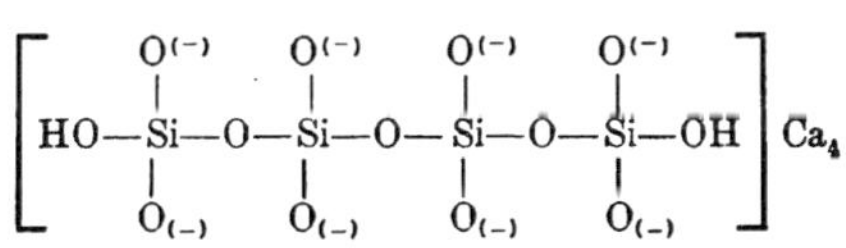

oder

3. der α-Wollastonit = Pseudowollastonit $(CaSiO_3)_x$, für den nach verschiedenen Methoden bewiesen wird, daß er ein hochpolymeres Kettenanion der Form

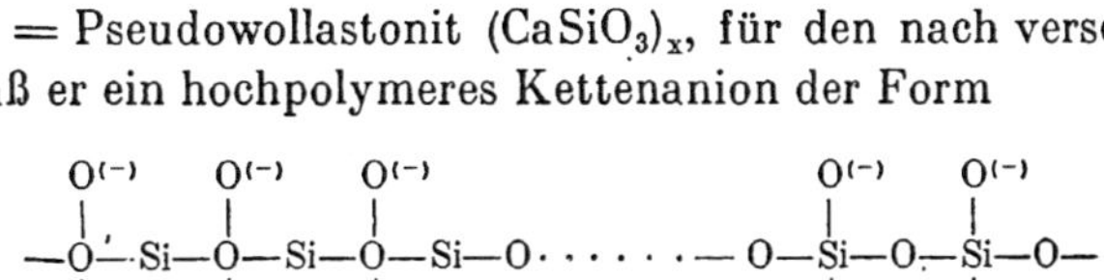

enthält.

* Die vorliegende Arbeit ist die XIV. Abhandlung aus der Reihe „Chemische Untersuchungen von Silikaten", Nr. XIII. Vgl. E. THILO u. H. FUNK, Lit.-Verz. Nr. 45 am Schluß der Arbeit.

Außerdem werden aus geeigneten Na-haltigen Ausgangsmaterialien der Pektolith $Ca_2Na[HSi_3O_9]$, der dem β-Wollastonit analog gebaut ist und ebenfalls ein ringförmiges Anion der Zusammensetzung $[HOSi_3O_8]^{5-}$ besitzt,

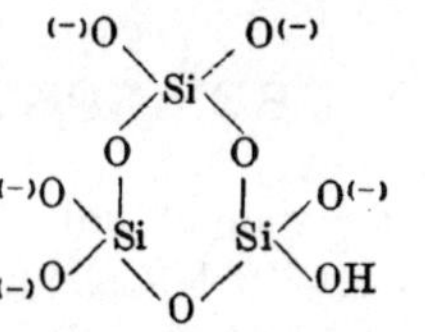

und der Di- und Tetra-natriumpseudowollastonit gewonnen, in denen ein Teil der Calciumionen im Pseudowollastonit durch Natriumionen ersetzt sind. Während sich die Silikate mit ringförmigen Anionen als sehr stabil erweisen, lassen sich die Silikate mit kettenförmigen Anionen hydrolytisch leicht zu den Hydro-Monosilikaten aufspalten. Es wird auf Grund von Volumenbetrachtungen wahrscheinlich gemacht, daß die in den natürlichen Mineralien vom Wollastonittyp über den formelmäßigen Gehalt hinausgehende Menge an Wasser gerade in den freien Gitterplätzen in den Ringanionen unterkommt.

Die Hydrolyse des γ-$Ca_2[SiO_4]$ führt ausschließlich zum $Ca[H_2SiO_4]$ oder dessen Zersetzungsprodukten; die des β-$Ca_2[SiO_4]$ entweder auch zum $Ca[H_2SiO_4]$ oder zum Hillebrandit, $2CaO \cdot SiO_2 \cdot H_2O$, für den die Konstitution

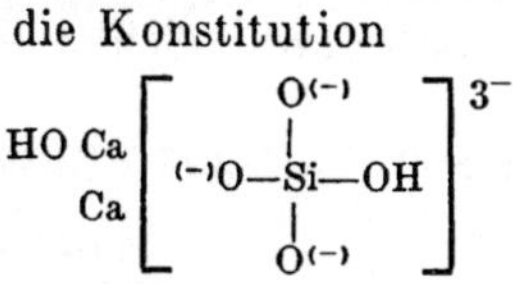

bewiesen wird, derzufolge er als ein gleichzeitig basisches und saures Salz der Monokieselsäure aufzufassen ist.

Durch Verallgemeinerung der bei der vorliegenden Untersuchung festgestellten Tatsache, daß alle Hydrolysen von Ca-Silikaten nicht zu Kristallhydraten, sondern zur Bildung „saurer“ Silikate führen, ergibt sich die Möglichkeit, Vorschläge für die Konstitution aller bisher als experimentell gesichert anzusehenden Ca-Hydrosilikate und auch Na-Hydrosilikate zu machen.

Um die Übersicht über das experimentelle Material zu erleichtern, ist die vorliegende Abhandlung in einen mehr allgemein und einen spezieller gehaltenen Teil gegliedert. Außerdem ist der Arbeit neben einem Inhaltsverzeichnis ein ausführliches Sachregister beigegeben.

II. ALLGEMEINER TEIL
DIE CHEMIE DER CALCIUMHYDROSILIKATE

Als Ausgangsmaterialien für die Versuche zum systematischen Aufbau von Silikaten kommen besonders die beiden leicht zugänglichen, schon lange bekannten Verbindungen $CaNa_2[SiO_4]$ und $Ca_2[SiO_4]$ in Betracht.

Im folgenden soll zunächst vom ersten dieser beiden Stoffe und seinen Umwandlungsprodukten die Rede sein.

1. Das $CaNa_2[SiO_4]$ und seine Umwandlungsprodukte

Das $CaNa_2[SiO_4]$ läßt sich am einfachsten durch Erhitzen eines Gemisches äquivalenter Mengen von SiO_2, $CaCO_3$ und Na_2CO_3 auf etwa 1000° nach der Gleichung

$$SiO_2 + CaCO_3 + Na_2CO_3 \rightarrow CaNa_2[SiO_4] + 2\,CO_2$$

darstellen.

Es kristallisiert, wie BARTH u. POSNJAK[1]) sowie WYCKOFF u. MOREY[2]) fanden, kubisch und enthält $[SiO_4]$-Tetraeder als Baugruppen. Dem $CaNa_2[SiO_4]$ kommt damit die Struktur:

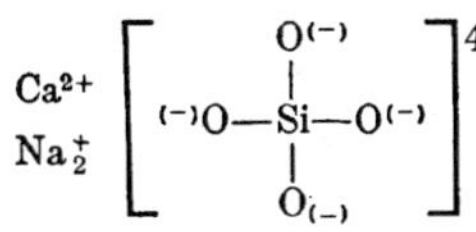

zu*.

Es ist also als ein neutrales Salz der vier-basischen Ortho- oder besser Monokieselsäure aufzufassen; eine Aussage, die nicht trivial ist, denn, wie später gezeigt wird, gibt es auch Calciumsilikate, bei denen zumindest ein Teil des Sauerstoffes in Form von OH-Gruppen an Silizium und an Calcium gebunden ist.

Das $CaNa_2[SiO_4]$ ist eine gegen Wasser und besonders feuchtes Kohlendioxyd relativ empfindliche Substanz und erleidet unter Einwirkung von Wasser eine weitgehende Hydrolyse. Dies ist verständlich, wenn man bedenkt, daß die Kieselsäure eine sehr schwache, vier-basische Säure ist, deren Dissoziationskonstanten, nach Hydrolyseversuchen von FLINT, MCMURDIE u. WELLS[3]) an reinen Calciumsilikaten, zu

$$\begin{aligned} k_1 &= 2.2\cdot 10^{-10} \\ k_2 &= 2.0\cdot 10^{-12} \\ k_3 &= 1 \quad \cdot 10^{-12} \\ k_4 &= 1 \quad \cdot 10^{-12} \end{aligned}$$

ermittelt wurden, von denen, wie weiter unten (s. S. 26) gezeigt werden wird, der Wert der vierten Konstante wahrscheinlich noch zu hoch angenommen ist.

Unter geeigneten Bedingungen läßt sich die Hydrolyse des $CaNa_2[SiO_4]$ schrittweise durchführen. Als erstes Produkt entsteht das bisher nicht bekannte, einfach saure $CaNa[SiO_3OH]$. Dieses Ziel wird erreicht:

1. wenn man das $CaNa_2[SiO_4]$ im Autoklaven bei mindestens 180° der Einwirkung von *nur dampfförmigem* Wasser aussetzt:

$$CaNa_2[SiO_4] \xrightarrow[\text{Dampf}]{H_2O} CaNa[HOSiO_3] + NaOH,$$

2. wenn man unter Ausschluß von Wasser 1 Mol $CaNa_2[SiO_4]$ mit 1 Mol trockenem $KHSO_4$ in festem Zustand bei 180° zur Reaktion bringt. Dabei entsteht nach der Gleichung

$$2\,CaNa_2[SiO_4] + 2\,K[HSO_4] \rightarrow 2\,CaNa[HSiO_4] + K_2[SO_4] + Na_2[SO_4]$$

das $CaNa[HSiO_4]$ in quantitativer Ausbeute. Dieser Versuch ist für die Konstitution des $CaNa[HSiO_4]$ ganz besonders beweisend, weil hierbei molekulares Wasser nicht auftreten kann, denn Kontrollversuche ergaben, daß reines $KHSO_4$ bei 180° auch im Verlaufe von 80 Stunden kein Wasser abgibt,

3. wenn man $CaNa_2[SiO_4]$ mit mindestens 5proz. Natronlauge im Autoklaven auf 180° erhitzt, wobei sich das $CaNa_2[SiO_4]$ durch Hydrolyse in $CaNa[HSiO_4]$ umwandelt.

Das nach diesen Verfahren gebildete Produkt $CaNa[HSiO_4]$ ist das einfach saure Calcium–Natrium-Salz der Monokieselsäure

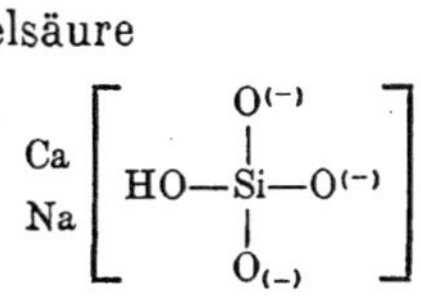

* In dieser und in allen späteren Strukturformeln wird nur die Konstitution der Anionen explicit dargestellt; die Kationen werden außerhalb der eckigen Klammer geschrieben, ihre Lokalisierung ist mit Hilfe chemischer Methoden prinzipiell unmöglich.

und nicht etwa ein Hydrat eines Calcium–Natrium-Disilikates, z. B. $Ca_2Na_2[Si_2O_7] \cdot H_2O$ oder höher polymerer Silikate. Dies geht daraus hervor, daß es, wie Röntgenaufnahmen zeigen, sehr wahrscheinlich isomorph mit Na_2SO_4 ist, in dem der Sauerstoff sowohl aus rein chemischen Erwägungen als auch auf Grund der Strukturbestimmungen von ZACHARIASEN, ZIEGLER[4]) und anderen, alle vier Sauerstoffatome am Schwefel gebunden enthalten muß. Weitere Beweise für die angenommene Struktur ergeben sich aus seiner unten beschriebenen leichten Darstellbarkeit aus dem zweifach sauren $Ca[H_2SiO_4]$ und einigen noch zu besprechenden Hydrolysereaktionen komplizierterer Silikate.

Die vorher angeführten Darstellungsmethoden für das $CaNa[HSiO_4]$ durch Hydrolyse von $CaNa_2[SiO_4]$ mußten alle bei etwa 180° durchgeführt werden. Läßt man Wasser oder $KHSO_4$ bei tieferer Temperatur einwirken, so geht eine sehr langsame Hydrolyse vor sich, die zum Teil sowohl das weiter unten zu beschreibende $Ca[H_2SiO_4]$ und außerdem $SiO_2 \cdot aq$ und $Ca(OH)_2$ bzw. $CaSO_4$ ergibt.

Der Grund hierfür dürfte darin zu suchen sein, daß bei der höheren Temperatur hauptsächlich die Ionen des Wassers einwirken. Außerdem werden aber, besonders im Falle der Reaktion des $KHSO_4$ bei tiefen Temperaturen, Faktoren wie Anregungs- und Gitterenergien der verschiedenen Reaktionspartner eine Rolle spielen, worüber (S. 57) diskutiert wird.

2. Das $CaNa[HSiO_4]$ und seine Reaktionen

Auch das $CaNa[HSiO_4]$ ist, wie das $CaNa_2[SiO_4]$, empfindlich gegen CO_2-haltige Luft. Es ist ein Silikat, das im Anion *ein* Siliciumatom und an dieses gebunden drei Atome Sauerstoff und eine Hydroxyl-Gruppe enthält. Demgemäß sollte es durch Erhitzen unter Abgabe von Wasser nach der Gleichung

$$2\,CaNa[HSiO_4] \xrightarrow{350^\circ} Ca_2Na_2[Si_2O_7] + H_2O$$

in ein Salz der Dikieselsäure übergehen.

Dies ist der Fall, wenn man es an getrockneter und CO_2-freier Luft auf 350° erhitzt; es verliert in einem Schritt den gesamten Wasserstoff in Form von H_2O und geht dabei in die Verbindung $Ca_2Na_2[Si_2O_7]$ über. Dieselbe Verbindung erhält man in unübersichtlicher Reaktion durch Erhitzen von Na_2CO_3 mit $CaSiO_3$ im Molverhältnis 1:2 nach der Gleichung:

$$2\,CaSiO_3 + Na_2CO_3 \xrightarrow{650^\circ} Ca_2Na_2[Si_2O_7] + CO_2,$$

hierzu ist allerdings eine Temperatur von mindestens 650° notwendig. Ein Beweis für die Struktur dieser Substanz, die als das neutrale Calcium–Natrium-Salz der in freiem Zustand sicher unbeständigen Dikieselsäure $H_6Si_2O_7$ anzusprechen ist, folgt aus der Art seiner Synthese und geht außerdem daraus hervor, daß der Wasserstoff erst bei 350° abgegeben wird, eine Temperatur, bei der Kristallwasser längst entwichen sein müßte. Es gelang bisher nicht, ein oder beide Natriumatome hydrolytisch gegen Wasserstoff auszutauschen. Natronlauge bei 180° spaltet quantitativ in saures Monosilikat

$$Ca_2Na_2[Si_2O_7] + H_2O \xrightarrow[NaOH]{180^\circ} 2\,CaNa[HSiO_4].$$

Die Einwirkung von Wasser auf das Disilikat setzt erst bei 250° ein und führt zur Rückbildung der Ausgangssubstanz; dies zeigt, daß die hydrolytische Spaltung der Si–O–Si-Bindung leichter eintritt als der Ersatz des Natriums durch Wasserstoff, und macht es verständlich, daß Disilikate niederwertiger Kationen in der Natur bisher nur sehr selten beobachtet worden sind.

3. Das $Ca[H_2SiO_4]$ als zweites Hydrolysenprodukt des $CaNa_2[SiO_4]$ und seine Reaktionen

Bringt man das $CaNa_2[SiO_4]$ nicht mit Wasserdampf, sondern mit *flüssigem Wasser* im Autoklaven bei 180° zur Reaktion, so entsteht, wenn man von der natürlichen Löslichkeit des Bodenkörpers absieht, in quantitativer Ausbeute eine Verbindung der analytischen Zusammensetzung $CaSiO_3 \cdot H_2O$. Die bequemste Darstellungsmethode (s. S. 30) für diese Substanz besteht in der Fällung einer siedenden $CaCl_2$-Lösung mit einer Lösung von $Na_2SiO_3 \cdot 9\,H_2O$, das, wie unten S. 19f. ausgeführt wird, richtig als $Na_2[H_2SiO_4] \cdot 8\,H_2O$ zu formulieren ist. Das $CaSiO_3 \cdot H_2O$ ist, was durch vielfältige Versuche bewiesen wird, als das zweifach saure Calciumsalz der Monokieselsäure der Konstitution

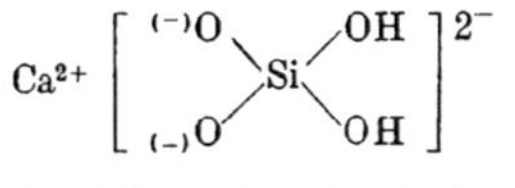

aufzufassen. Beweise hierfür geben die folgenden Reaktionen beziehungsweise Eigenschaften:

1. Es wird bei Behandlung mit flüssigem Ammoniak nicht verändert. Hydratwasser müßte — wie u. a. W. BILTZ[5]) gezeigt hat — durch flüssiges Ammoniak extrahierbar sein.
2. Es entsteht durch Hydrolyse von $CaNa[HSiO_4]$ mit flüssigem Wasser bei etwa 100°.
3. Es entsteht aus $CaNa[HSiO_4]$ auch durch Reaktion mit $KHSO_4$ in trockenem Zustand bei 180°.
4. Es geht beim Behandeln mit mehr als 5proz. Natronlauge bei 180° wieder rückwärts in das oben beschriebene $CaNa[HSiO_4]$ über.
5. Es reagiert mit einer gesättigten Lösung von Natriumäthylat in 96proz. Alkohol beim Kochen also schon bei 80° nach der Gleichung
$$Ca[H_2SiO_4] + NaOC_2H_5 \rightarrow CaNa[HSiO_4] + C_2H_5OH$$
unter quantitativer Rückbildung des $CaNa[HSiO_4]$.
6. Nicht beweisend, aber mit der angenommenen Struktur leichter zu verstehen als mit einer solchen mit hochpolymerem Anion, ist das Verhalten dieser Verbindung gegen Kohlendioxyd. Während das $Ca[H_2SiO_4]$ mit trockenem Kohlendioxyd nur sehr langsam in Reaktion tritt, reagiert es mit feuchtem CO_2, und demgemäß auch schon an der normalen Zimmerluft, momentan unter Bildung eines sehr feinteiligen, trockenen Gemenges von Calcit und Kieselsäure undefinierten Wassergehaltes. Gegen Wasser ist das $Ca[H_2SiO_4]$ bis auf geringfügige Hydrolyse und kongruente Löslichkeit (vgl. S. 32) stabil. Von Mineralsäuren, auch von Essigsäure, wird gefälltes $Ca[H_2SiO_4]$, falls es nicht vorher scharf getrocknet wurde, ohne Abscheidung von Kieselsäure gelöst, was erneut für das Vorliegen eines Monosilikates spricht.
7. Recht kompliziert ist sein Verhalten gegen Metallsalzlösungen. In einer $\frac{m}{20}$ $NiCl_2$-Lösung färbt es sich unter Abgabe von $Ca^{\cdot\cdot}$-Ionen an die Lösung momentan grün an, bis sich nach etwa 10 Minuten die Farbe nicht mehr vertieft und im Bodenkörper nur noch Spuren von $Ca^{\cdot\cdot}$-Ionen nachzuweisen sind. Der hierbei ablaufende Prozeß, der rein äußerlich wie eine Austauschreaktion erscheint, ist aber sehr komplex, denn die entstandene Ni-Verbindung ist röntgenographisch sehr ähnlich dem Garnierit $(Ni, Mg)_6Si_4O_{11}(OH)_6 \cdot H_2O$, was so zu erklären ist, daß das $Ca[H_2SiO_4]$ in der „sauren" Nickellösung primär unter gleichzeitiger Hydrolyse in Lösung geht, so daß die zunächst gebildete Monokieselsäure H_4SiO_4 sich kondensiert und mit den Nickelionen zum Garnierit zusammentritt, und zwar nach einem Mechanismus, der identisch mit demjenigen sein wird, nach dem sich, wie STREESE

u. HOFMANN[38]) fanden, aus Lösungen von Magnesiumchlorid und Alkalisilikaten antigoritähnliche Gele bilden. In gleicher Weise reagiert das $Ca[H_2SiO_4]$ auch mit Magnesiumchloridlösungen. Es bilden sich Bodenkörper — nur langsamer —, die röntgenographisch mit den HOFMANNschen Gelen übereinstimmen. Mit anderen Salzlösungen spielen sich ähnliche, aber nicht näher untersuchte Reaktionen ab.

Alle diese Reaktionen erklären sich zwanglos mit der angenommenen Struktur, wären aber, besonders die unter 5. genannte, nur mit vielen Zusatzannahmen verständlich, wenn das $Ca[H_2SiO_4]$ ein Hydrat einer beliebigen $CaSiO_3$-Modifikation wäre, in der — wenigstens solange man an der Koordinationszahl 4 des Siliciums dem Sauerstoff gegenüber festhält — Anionenketten vorliegen müßten, deren Spaltung in wasserfreiem Medium schon bei 80° kaum vorstellbar wäre. Außerdem sprechen die anschließend zu beschreibenden Kondensationsreaktionen des $Ca[H_2SiO_4]$ gegen das Vorliegen eines Silikates mit hochpolymerem Anion.

Das $Ca[H_2SiO_4] = Ca[O_2Si(OH)_2]$ ist, wie das $CaNa[HSiO_4]$, eine zweite Substanz mit an Si gebundenen Hydroxylgruppen. Auch sie müßte unter Abspaltung von Wasser in Verbindungen mit höher kondensierten Kieselsäureanionen übergehen, und zwar sollte sie, je nach den Bedingungen, solche mit ring- oder kettenförmigen Anionen liefern, da jede $[H_2SiO_4]^{2-}$-Gruppe zwei reaktionsfähige OH-Gruppen enthält.

Die mit dieser Verbindung angestellten Versuche entsprechen durchaus der Erwartung.

a) Kondensation des $Ca[H_2SiO_4]$ zu Wollastonit

Erhitzt man reines $Ca[H_2SiO_4]$, so gibt es zunächst langsam und kontinuierlich sein Wasser ab und geht von etwa 750° an unter starker Volumenkontraktion in Wollastonit über. Erhitzt man es schnell bis auf etwa 900°, so findet diese Umwandlung momentan und unter hellem Aufglühen und ebenfalls starker Volumenverminderung statt.

Im Wollastonit liegen, gemäß der Strukturbestimmung von BARNICK[6]) und folgender Konstitutionsformel entsprechend:

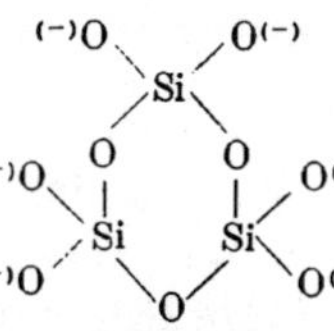

ringförmige $[Si_3O_9]^{6-}$-Gruppen als Anionen vor. Daß dieBildung dieser ringförmigen Anionen mit einem so starken thermischen und volumenmäßigen Effekt vor sich geht, ist ein weiterer Hinweis dafür, daß das $Ca[H_2SiO_4]$ kein bereits polymerisiertes Anion enthalten kann, weil dieses zu seiner Umordnung zu ringförmigen Gebilden sicherlich Energie verbrauchen würde.

b) Kondensation des $Ca[H_2SiO_4]$ zu Xonotlit, $Ca_4[H_2Si_4O_{13}]$

Eine zweite Kondensationsmöglichkeit des $Ca[H_2SiO_4]$ zeigt sich beim Behandeln mit etwa 1 proz. Kalkwasser bei 180°. Unter diesen Bedingungen entsteht in quantitativer Ausbeute eine schon von W. JANDER u. B. FRANKE[7]) beschriebene Verbindung der Zusammensetzung $4CaSiO_3 \cdot H_2O$, die in der Natur als das seltene Mineral Xonotlit beobachtet worden ist. Dieser Verbindung kommt zweifelsfrei (vgl. S. 39) die Struktur

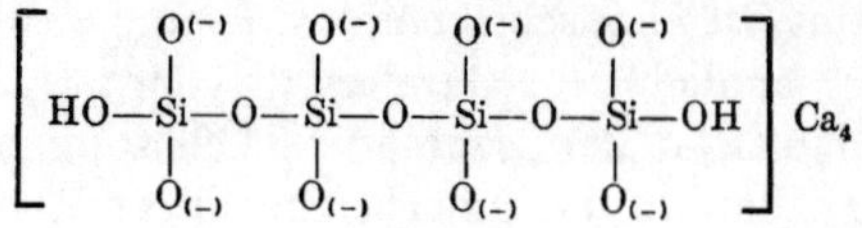

zu. Wir fassen sie als das zweifach saure Calciumsalz der in reiner Form sicher unbeständigen Tetrakieselsäure $H_{10}Si_4O_{13}$ auf. Dies ergibt sich aus dem konstanten Wassergehalt, den sie erst beim Erhitzen auf Temperaturen über 550° unter Übergang in Wollastonit verliert. An feuchter und CO_2-haltiger Luft ist sie beständig. Behandeln mit 20proz. Natronlauge im Autoklaven führt sie quantitativ in $CaNa[HSiO_4]$ über, was bei Wollastonit niemals, aber ganz analog auch bei allen anderen bisher untersuchten Silikaten mit kettenförmigen Anionen beobachtet wurde (vgl. z. B. S. 8 das $Ca_2Na_2[Si_2O_7]$).

c) Bildung von Pseudowollastonit aus $Ca[H_2SiO_4]$

Während sich beim Erhitzen des reinen, unveränderten $Ca[H_2SiO_4]$ der Wollastonit mit ringförmigem Anion bildet, entsteht beim Erhitzen des durch CO_2-Aufnahme bei Zimmertemperatur zu $CaCO_3 + SiO_2 \cdot aq$ zersetzten $Ca[H_2SiO_4]$ auf 900 bis 1000° in quantitativer Ausbeute der auch als α-Wollastonit bezeichnete Pseudowollastonit. Der Pseudowollastonit ist schon lange als Umwandlungsprodukt des β-Wollastonites bekannt, aus dem er — irreversibel — erst durch Erhitzen auf mehr als 1150° entsteht. Der Befund, daß er sich aus dem molekular fein verteilten Gemenge von $CaCO_3$ und $SiO_2 \cdot aq$ stets schon unterhalb 1000° bildet, entspricht der von HILD u. TRÖMEL[8]) gemachten Beobachtung, nach der der Pseudowollastonit aus $CaCO_3$ und Kieselgel durch Reaktion im festen Zustand mitunter auch unterhalb der Umwandlungstemperatur des Wollastonits (1150°) entsteht.

Versuche, die Calciumionen des Pseudowollastonits teils oder vollständig durch Wasserstoffionen zu ersetzen, sind bisher nicht gelungen. Mit Wasser reagiert er bis 230° in den verwendeten Versuchszeiten nicht merkbar; auch gegen CO_2 ist er unempfindlich. Durch 20proz. Natronlauge aber wird er bei 180° umgewandelt und geht dabei unter Aufspaltung der Anionen vollständig in $CaNa[HSiO_4]$ über. Durch Kalkwasser dagegen wird er bei 180° in den offenbar stabileren Wollastonit umgewandelt. Diese geringe Stabilität des Pseudowollastonits gegenüber chemischen Einflüssen (vgl. S. 42f.) dürfte die Tatsache erklären, daß trotz vielfältigen Suchens der Pseudowollastonit in der Natur bisher nicht mit Sicherheit aufgefunden wurde.

Diese chemischen Befunde sprechen — wie beim Xonotlit schon angedeutet — für die Kettenstruktur des Anions im Pseudowollastonit, denn eine Aufspaltung von Anionen mit ringförmigem Bau ist, wie gesagt, bei einer Temperatur bis 230° bisher in keinem Fall beobachtet worden.

Für die Kettenstruktur der Anionen im Pseudowollastonit spricht außerdem eine volumenchemische Betrachtung. Nach THILO u. RÄTZ[25]) enthält das Natriumtrimetaphosphat $Na_3[P_3O_9]$ als Anion einen Ring aus drei PO_4-Tetraedern, der seinem Bau nach identisch mit dem Anion $[Si_3O_9]^{6-}$ des Wollastonites ist. In der Hochtemperaturform des MADDRELLschen Salzes $(NaPO_3)_x$ liegen nach THILO u. PLAETSCHKE[9]) lange Ketten aus

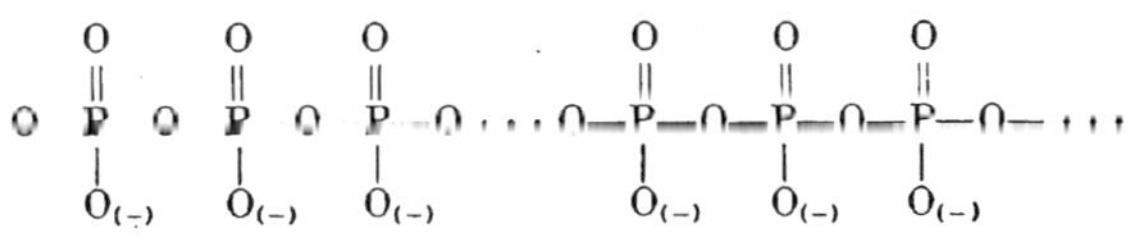

PO_4-Tetraedern als Anionen vor.

Die aus den pyknometrisch bestimmten Dichten berechneten Molvolumina pro XO_3-Gruppe betragen:

Trimetaphosphat	34,8 cm^3/PO_3	Wollastonit	35,7 cm^3/SiO_3
Maddrell (h)	32,4 cm^3/PO_3	Pseudowollastonit	33,5 cm^3/SiO_3
Quotienten:	1,072		1,066

In beiden Fällen sind die Volumina der Ringanionen größer, weil in den Kristallgittern die Hohlräume in den Anionenringen unbesetzt bleiben. Da nun in beiden Fällen der Quotient aus den Molvolumina und der Bau der Ringanionen gleich ist, liegt der Schluß nahe, daß auch die Anionen der beiden Formen mit kleineren Anionenvolumen den gleichen Bau haben, der Pseudowollastonit also ein Anion der Form:

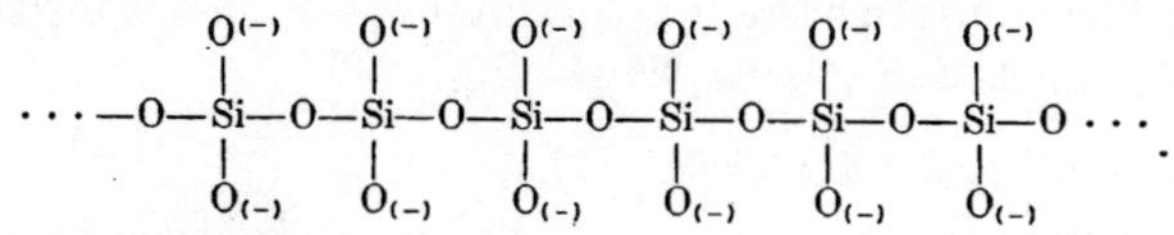

enthält (Einzelheiten vgl. S. 51).

d) Bildung des Pektolith aus $Ca[H_2SiO_4]$

Wird — entsprechend der Darstellung des $Ca[H_2SiO_4]$ aus $Na_2[H_2SiO_4]$ mit $CaCl_2$ — die Fällung nicht mit $CaCl_2$, sondern Kalkwasser vorgenommen, so entsteht ein Produkt der Zusammensetzung $2{,}4 CaO \cdot 0{,}6 Na_2O \cdot 3 SiO_2 \cdot aq$ oder vermutlich $H_2Ca_{2,4}Na_{1,2}Si_3O_{10} \cdot aq$. Erhitzt man dieses Produkt, das röntgenographisch vom $Ca[H_2SiO_4]$ kaum zu unterscheiden ist, im Autoklaven in Gegenwart von Wasser auf 180°, so tritt — wie beim reinen $Ca[H_2SiO_4]$ der Wollastonit — hier der Pektolith, ein Kondensationsprodukt mit einem Ring, aus $3[SiO_4]$-Tetraedern als Anion auf. Er hat die Zusammensetzung $Ca_2Na[Si_3O_8OH]$ und ist identisch mit dem natürlichen Mineral,

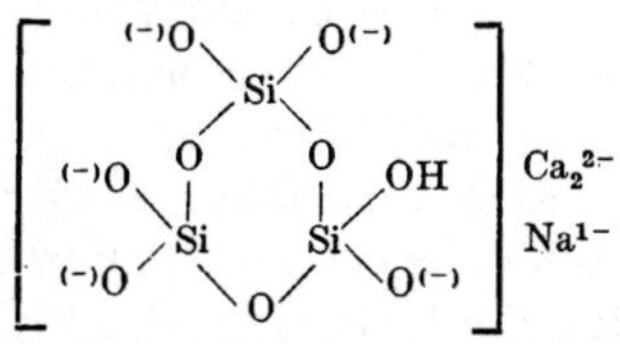

dessen Struktur von WARREN u. BISCOE[10]) sowie von WYCKOFF, MERWIN u. WASHINGTON[11]) röntgenographisch bewiesen worden ist.

So wie der Wollastonit durch Erhitzen auf über 1150° in den Pseudowollastonit mit kettenförmigen Anionen übergeht, bildet sich aus dem Pektolith beim Erhitzen auf 700° gemäß der Gleichung

$$2 Ca_2Na[HSi_3O_9] \xrightarrow{700^\circ} Ca_2Na_2Si_3O_9 + 2/3 Ca_3[Si_3O_9] + SiO_2 + H_2O$$

neben Wollastonit eine Verbindung der Zusammensetzung $(Ca_2Na_2Si_3O_9)_x$, die sicherlich in ihrem Bau dem Pseudowollastonit entspricht und folgende Konstitution haben muß:

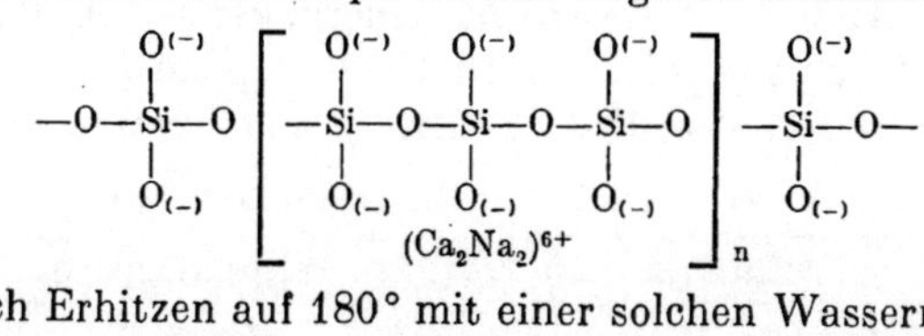

Sie geht nämlich durch Erhitzen auf 180° mit einer solchen Wassermenge, daß der p_H-Wert unterhalb von 9,5 bleibt, in $Ca[H_2SiO_4]$ über, mit Natronlauge unter den gleichen Bedingungen in $CaNa[HSiO_4]$. Auch zu Pektolith läßt sie sich umwandeln, und zwar am besten, wenn man sie mit so wenig Wasser auf 180° erhitzt, daß der p_H-Wert zwischen 9,5 und 10,5 bleibt. Diese Befunde sprechen, neben der Bestimmung des Anionenvolumens, das mit $32{,}9\ cm^3/SiO_3$ dem des Pseudowollastonits ($33{,}5\ cm^3/SiO_3$) entspricht, klar für eine Analogie zwischen dem Pseudowollastonit und dem $(Ca_2Na_2Si_3O_9)_x$. Diese daher als *Dinatriumpseudowollastonit* zu bezeichnende Substanz läßt sich auch leicht durch Erhitzen entsprechender Mengen von Wollastonit und wasserfreiem Natriumsilikat auf 700° gemäß der Gleichung

$$2n Ca_3[Si_3O_9] + 3n Na_2SiO_3 \xrightarrow{700^\circ} 3 (Ca_2Na_2Si_3O_9)_n$$

darstellen.

Aus der Kettenstruktur des Dinatrium-pseudowollastonits wird auch die weitere Beobachtung verständlich, derzufolge diese Substanz durch Erhitzen mit Kalkwasser bei 180° in Xonotlit übergeht.

4. Die Hydrolyse des $Ca_2[SiO_4]$ und der Hillebrandit $(CaOH)Ca[HSiO_4]$

Von den bisher bekannten Modifikationen des Calciummonosilikates $Ca_2[SiO_4]$ sind die β- und die γ-Modifikation leicht zugänglich. Sie entstehen aus der Schmelze entsprechender Zusammensetzung oder aus den Komponenten durch Reaktion in festem Zustand. Die β-Modifikation ist zwischen etwa 1000 und 1300° stabil, bei langsamem Abkühlen wandelt sie sich in die bei gewöhnlicher Temperatur allein stabile γ-Modifikation um. Durch Abschrecken von 1000° auf Zimmertemperatur läßt sich aber die β-Modifikation auch bei gewöhnlicher Temperatur erhalten.

Während durch kaltes Wasser beide Modifikationen langsam zu $Ca[H_2SiO_4]$ hydrolysiert werden, vermag die β-Modifikation, die wahrscheinlich aus diesem Grunde ein wichtiger Träger der hydraulichen Eigenschaften der Zemente ist, daneben auch ein Mol Wasser pro Formeleinheit $Ca_2[SiO_4]$ zu addieren, wobei sich der sogenannte Hillebrandit bildet, der bisher als Kristallhydrat $Ca_2SiO_4 \cdot H_2O$ formuliert wurde. Diese Addition des einen Moles Wassers wird — bei geeignetem p_H-Wert — oberhalb 100° zur Hauptreaktion des β-Ca_2SiO_4.

Da der Hillebrandit, der schon wiederholt synthetisch hergestellt [7, 12, 13, 20]) und als relativ seltenes Mineral in der Natur beobachtet wurde, sicherlich eines der wesentlichen Zwischenprodukte bei der Erhärtung der Zemente ist, ist die Aufklärung seiner Konstitution besonders wichtig. Wäre er, wie bisher allgemein angenommen, tatsächlich ein normales Kristallhydrat des $Ca_2[SiO_4]$, dann müßte erwartet werden, daß das Kristallwasser bei Temperaturen zwischen 100 und 200° in einem Schritt vollständig abgegeben wird, wobei sich $Ca_2[SiO_4]$ in der β- oder γ-Modifikation bilden sollte. Auf Grund der Beobachtungen von W. JANDER u. B. FRANKE [7]) ist der Hillebrandit unter hydrothermalen Bedingungen aber nur bei Temperaturen unterhalb 305° zu erhalten; bei 310° entsteht eine Substanz der Zusammensetzung $Ca_2[SiO_4] \cdot 0{,}5\,H_2O$.

Erhitzt man den Hillebrandit an trockener Atmosphäre, so bleibt er bis 350° unverändert. Oberhalb dieser Temperatur verliert er die Hälfte seines Gehaltes an Wasser und geht dabei in die auch von W. JANDER u. FRANKE beobachtete Verbindung über. Diese ist bis 700° stabil und wandelt sich erst oberhalb 700° unter Abgabe des restlichen Wassers in β-$Ca_2[SiO_4]$ um. Dieser Befund, der sicherlich nicht als Umwandlung von Kristallhydraten ineinander erklärbar ist, wird ohne weiteres verständlich, wenn man dem Hillebrandit die folgende Konstitution

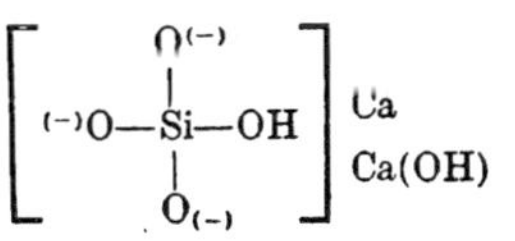

zuschreibt, derzufolge also im Hillebrandit ein einfach saures Silikat vorliegt, das sich von der Monokieselsäure H_4SiO_4 dadurch ableitet, daß in ihr zwei Wasserstoff-Atome durch Calcium und eines durch den einwertigen Rest $(CaOH)^+$ ersetzt sind.

Diese Konstitution erklärt ohne Zusatzannahmen den in zwei Stufen verlaufenden Entwässerungsvorgang. In der ersten Stufe treten aus zwei Anionen nach der Gleichung

$$2\,(CaOH)\,Ca[HSiO_4] \xrightarrow{350^\circ} (CaOH)_2Ca_2[Si_2O_7] + H_2O$$

die am Silicium gebundenen Hydroxylgruppen bei 350° als Wasser aus, bei einer Temperatur also, bei der (wie S. 8f. gezeigt) sich auch das saure Monosilikat $CaNa[HSiO_4]$ zum Disilikat

$Ca_2Na_2[Si_2O_7]$ kondensiert. Der bei dem ersten Entwässerungsschritt entstehenden Verbindung muß ebenfalls die Konstitution eines Disilikates zukommen,

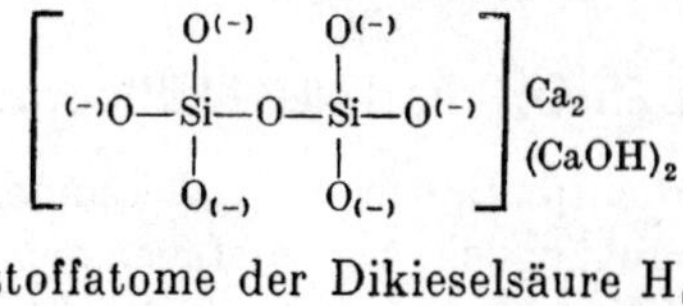

in der vier der sechs Wasserstoffatome der Dikieselsäure $H_6Si_2O_7$ durch 2 $Ca^{\cdot\cdot}$-Ionen und zwei durch $(CaOH)^+$-Gruppen ersetzt sind. Daß dieses zweifach basische Disilikat thermisch sehr beständig ist und erst oberhalb 650° sein Wasser verliert, ist nicht verwunderlich, da ja auch das Calciumhydroxyd selbst erst bei etwa 600° unter Wasseraustritt in Oxyd übergeht.

Für die oben angegebene Konstitution sprechen außer dem Verlauf der Wasserabgabe folgende rein chemische Befunde:

1. Hillebrandit bildet sich aus $CaNa[HSiO_4]$ beim Behandeln mit Kalkwasser bei 180°.
2. Hillebrandit entsteht aus $CaNa_2[SiO_4]$ beim Behandeln mit einer Lösung von $CaCl_2$ bei 180°.
3. Hillebrandit entsteht aus $Ca[H_2SiO_4]$ mit der äquivalenten Menge CaO und wenig Wasser, ebenfalls bei 180°.

Diese Reaktionen entsprechen vollkommen denen, die bei dem sauren Calcium-Natrium-Monosilikat beobachtet wurden und lassen sich zwanglos erklären, wenn man sie als Ersatz von Natrium oder Wasserstoff durch den einwertigen Rest $(CaOH)^+$ auffaßt. Hiermit fügt sich der Hillebrandit in die Reihe der sauren Monosilikate ein, die sich stets dann bilden, wenn calciumhaltige Silikate bei Gegenwart von Wasser entstehen. Ein Befund, der sehr verständlich ist, da zweifellos die vierte Dissoziationskonstante der Monokieselsäure so klein ist, daß bei Gegenwart von Wasser von einer Dissoziation der H-Ionen aus dieser Gruppe praktisch keine Rede mehr sein kann. Hiernach ist anzunehmen, daß die von FLINT, MCMURDIE u. WELLS[3]) berechnete vierte Dissoziationskonstante der Monokieselsäure zu hoch angegeben wird (siehe auch S. 7).

Daß die Doppelnatur des Hillebrandits als gleichzeitig saures und basisches Silikat bei der Erhärtung der Zemente eine Rolle spielt, läßt sich vermuten, wäre aber erst durch weitere Versuche zu beweisen.

5. Die Temperaturen verschiedener Reaktionstypen (Reaktionsschema)

In Abb. 1 sind die im vorhergehenden beschriebenen Darstellungsmethoden und gegenseitigen Umwandlungsreaktionen der in der vorliegenden Arbeit untersuchten Calcium- und Calcium-Natrium-Silikate zusammengestellt. Betrachtet man die dabei bisher beobachteten Reaktionen, so findet man:

1. Es treten immer wieder drei verschiedene Reaktionstypen auf:
   a) reine Salzhydrolysen (z. B. $CaNa_2[SiO_4] \xrightarrow{H_2O} CaNa[HSiO_4] + NaOH$),
   b) Kondensationsreaktion unter Austritt von Wasser ($CaNa[HSiO_4] \rightarrow Ca_2Na_2[Si_2O_7]$),
   c) Umordnung der $[SiO_4]$-Tetraederverbände ($(Na_2SiO_3)_x + CaO \rightarrow CaNa_2[SiO_4]$).
2. Diese Reaktionstypen sind jeweils an bestimmte Mindesttemperaturen gebunden. Die Hydrolysen verlaufen ab etwa 20°, die Kondensationsreaktionen setzen frühestens bei 350°, Verbandsumänderungen erst bei etwa 700° ein. Die Temperatur der Konden-

sationsreaktion unter Wasseraustritt hängt allerdings auch wesentlich von der bereits vorliegenden Anionengröße ab und ist umso höher je größer das Anion der betreffenden Verbindung ist. Z. B. $CaNa[HSiO_4]$ oder $(CaOH)Ca[HSiO_4]$ 350°; $Ca_2Na[HSi_3O_9]$ oder $Ca_4[H_2Si_4O_{13}]$ 650°.

Für eine Verallgemeinerung dieser Regeln liegen bisher allerdings noch zu wenig Versuchsdaten vor. Da aber im Gebiet der Chemie der Polyphosphate bei analogen Reaktionen ganz ähnliche Temperaturschranken beobachtet werden, ist vielleicht mit einer allgemeinen Gültigkeit dieser zunächst noch rohen Regeln zu rechnen. Sie haben sich aber bei der Anlage unserer Versuche und der Diskussion ihrer Ergebnisse auf den Gebieten der Silikat- und Polyphosphatchemie schon als sehr nützlich erwiesen.

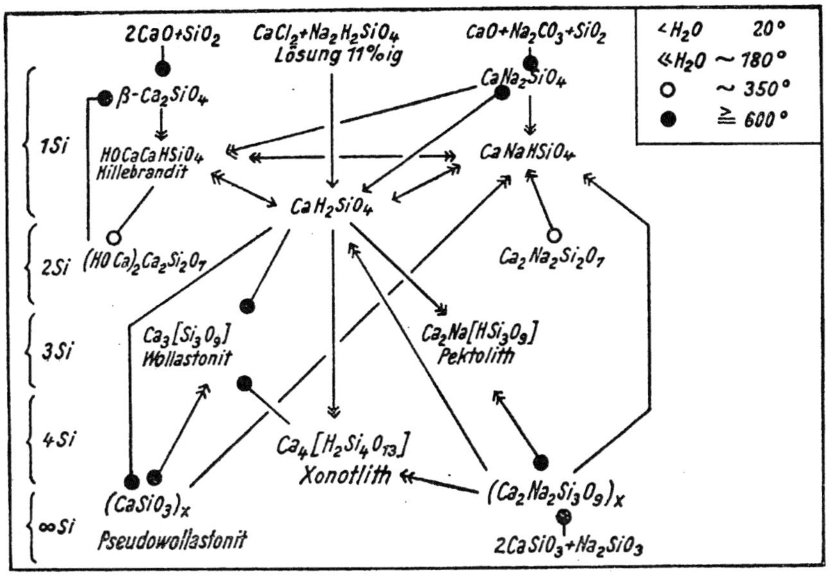

Abb. 1. Bildungsreaktionen und gegenseitige Beziehungen der in der vorliegenden Arbeit besprochenen Ca-Hydrosilikate. (Die Zeichen $<$; $\ll$; ○ und ● geben den Reaktionstypus an, nach welchem sich die betreffende Substanz bildet)

6. Vorschläge für die Konstitution der bisher in der Literatur beschriebenen Calciumhydrosilikate

Sowohl in der Natur als Mineralien als auch durch synthetische Darstellung ist eine relativ große Zahl verschiedener Calciumhydrosilikate beobachtet und wiederholt beschrieben worden [3, 7, 14, 19, 27–37]. Für alle diese Substanzen wurden bisher nur Oxydformeln angegeben und das in ihnen enthaltene Wasser teils ausgesprochen, teils unausgesprochen, als echtes Hydratwasser angenommen. Geht man aber von der im Vorstehenden angewendeten und wie uns scheint bewiesenen Annahme aus, daß in Calciumhydrosilikaten, soweit sie in Gegenwart von Wasser entstehen, dieses in Form von OH-Gruppen gebunden ist, dann lassen sich die bisher gefundenen Calciumhydrosilikate eindeutig als saure Silikate formulieren und das in einer Weise, die auch, soweit es sich um synthetische Produkte handelt, den jeweiligen Bildungsbedingungen entspricht. Ordnet man diese Silikate nach der Zahl der Siliciumatome pro Formeleinheit, dann ergibt sich folgende Reihe:

1. Durch Hydrolyse von thermal hergestelltem Tricalciumsilikat mit Wasserdampf bei hohen Temperaturen entsteht nach FLINT, MCMURDIE u. WELLS[3]) als erstes Produkt eine Verbindung der Zusammensetzung *3 CaO · SiO₂ · 2 H₂O*, der sich zwanglos die Konstitutionsformel

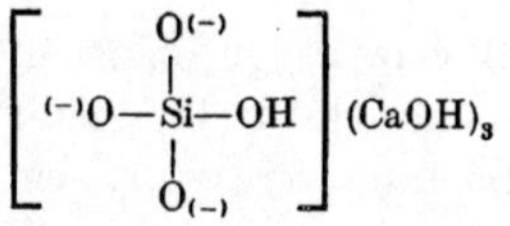

zuschreiben läßt. Ihre Bildung entspricht der des Hillebrandits aus β-$Ca_2[SiO_4]$ oder der Bildung von $CaNa[HSiO_4]$ aus $CaNa_2[SiO_4]$ mit Wasserdampf. Diese Verbindung ist von allen bisher bekannten Silikaten dieser Art das höchstbasische. Es ist zu erwarten, daß ein noch stärker basisches Silikat mit der hypothetischen Zusammensetzung $[SiO_4](CaOH)_4$, wenn überhaupt herstellbar, sicherlich ganz unbeständig sein wird. Nach FLINT (siehe oben) bildet sich aus dem Tricalciumsilikat mit Wasser bei etwa 200° der Hillebrandit nach dem Schema:

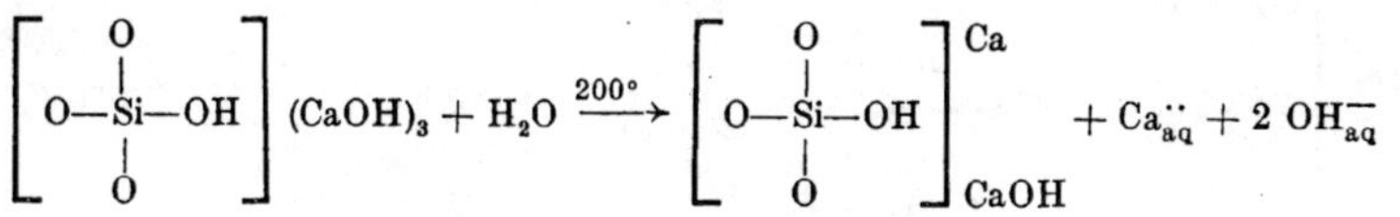

eine Reaktion, die auch durch Arbeiten von NACKEN[12]) u. a. sichergestellt und ohne weiteres verständlich ist.

2. Hydrolytische Abspaltung von einem Mol $Ca(OH)_2$ führt zur Bildung des $Ca[H_2SiO_4]$

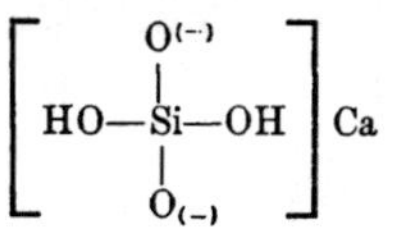

3. Der *Plombièrit* der Zusammensetzung $CaO \cdot SiO_2 \cdot 2\,H_2O$ ist wiederholt beschrieben worden und nach DOELTER[32]) durch Einwirkung von Thermalwässern auf Beton aus der Römerzeit entstanden. Ihm wäre unserem Schema zufolge und in Übereinstimmung mit seiner Bildung die Konstitution

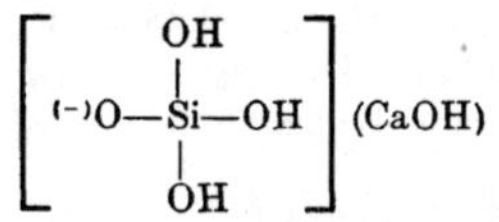

zuzuschreiben, die aber wegen der relativ stark sauren zweiten und dritten OH-Gruppe am Si nur eine sehr geringe Stabilität für den Plombièrit erwarten läßt. Dies dürfte auch der Grund dafür sein, daß er bisher nur unter den in Plombière einmalig realisierten Bedingungen in der Natur beobachtet worden ist.

4. Für ein Silikat mit 3 Mol CaO pro 2 Mol SiO_2 werden zwei verschiedene Wassergehalte genannt. Für den in der Natur vorkommenden *Afwillit* wird die Formel $3\,CaO \cdot 2\,SiO_2 \cdot 3\,H_2O$ von FLINT[3]) angegeben, für das von W. JANDER u. FRANKE[7]) synthetisch hergestellte Produkt wurde $3\,CaO \cdot 2\,SiO_2 \cdot H_2O$ gefunden. Folgende Konstitutionsformeln würden die offenbar engen Beziehungen zwischen beiden Substanzen leicht verständlich machen:

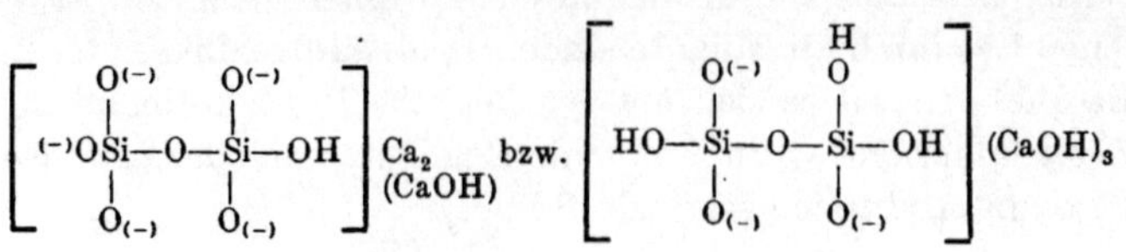

5. In naher Beziehung zu diesem Mineral muß die als *Riversideit* bezeichnete Verbindung $2CaO \cdot 2SiO_2 \cdot H_2O$ stehen, der sich folgende Konstitutionsformel zwanglos

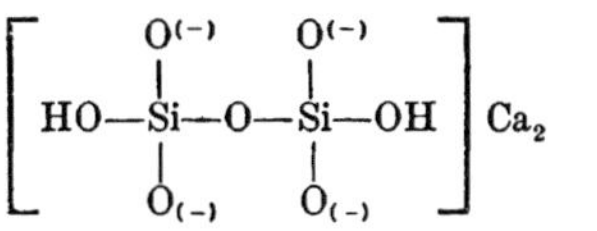

zuschreiben läßt.

6. Eng verwandt mit ihm dürfte der *Crestmoreit* mit der Zusammensetzung $2CaO \cdot 2SiO_2 \cdot 3H_2O$ und der Konstitutionsformel

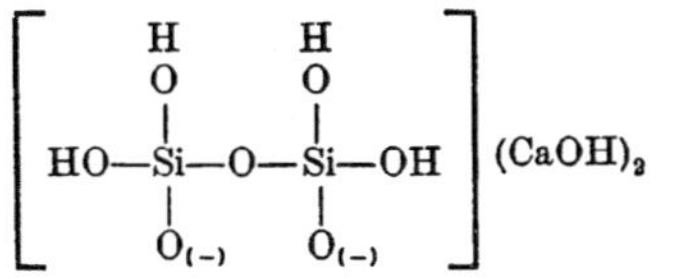

sein. Aus diesem sollte weiterhin leicht der

7. *Okenit* entstehen können, der nur noch 1 Atom Ca auf 2 Si-Atome enthält und von DOELTER mit $2H_2O$, von VIGFUSSON[13]) mit $3H_2O$ beschrieben wird, wonach ihm die Konstitutionsformeln

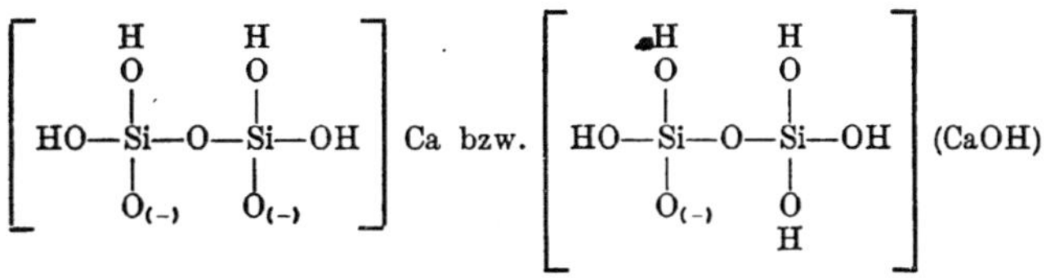

zuzuschreiben wären. Die zweite der beiden Formeln erscheint uns aber als unwahrscheinlicher, da bisher kein Ca-Hydrosilikat mit Sicherheit bekannt ist, das 3OH-Gruppen am selben Si-Atom gebunden hat.

8. Dem *Gyrolith* $2CaO \cdot 3SiO_2 \cdot 2H_2O$ käme, diesem Schema entsprechend, die Konstitution

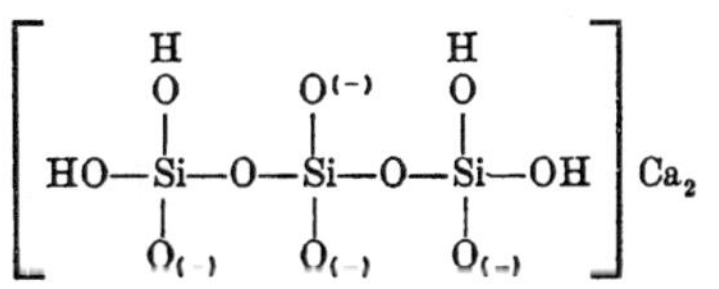

zu. Er wäre nahe verwandt mit dem

9. *Foshagit* mit einer Konstitution die der von FLINT[3]) angegebenen Zusammensetzung $5CaO \cdot 3SiO_2 \cdot 3H_2O$ entspricht.

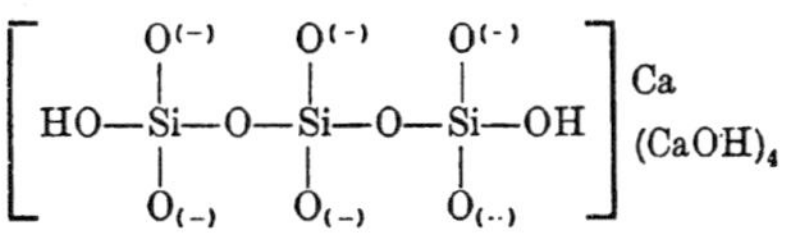

Von VIGFUSSON[13]) wird ein Mineral der Zusammensetzung $5CaO \cdot 3SiO_2 \cdot 2H_2O$ angegeben, dessen Röntgenaufnahme aber identisch mit der des Hillebrandits sein soll und das als teilweise hydrolysierter Hillebrandit gedeutet wird. Es ist möglicherweise ein Gemisch von letzterem mit $3CaO \cdot 2SiO_2 \cdot H_2O$.

10. Dem *Xonotlit*, $4CaO \cdot 4SiO_2 \cdot H_2O$, schreiben wir, wie S. 19 u. 39 ausgeführt, die Konstitution

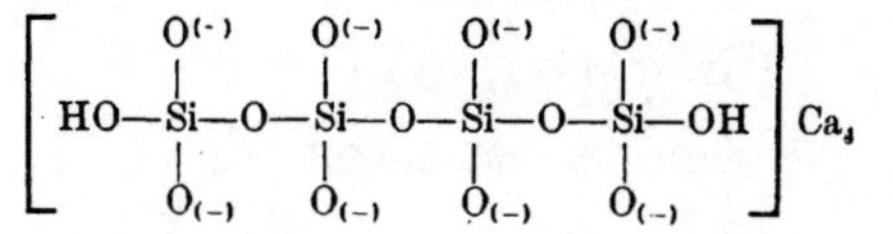

zu, während dem

11. *Tobermorit* $4CaO \cdot 5SiO_2 \cdot 4H_2O$ die Konstitution

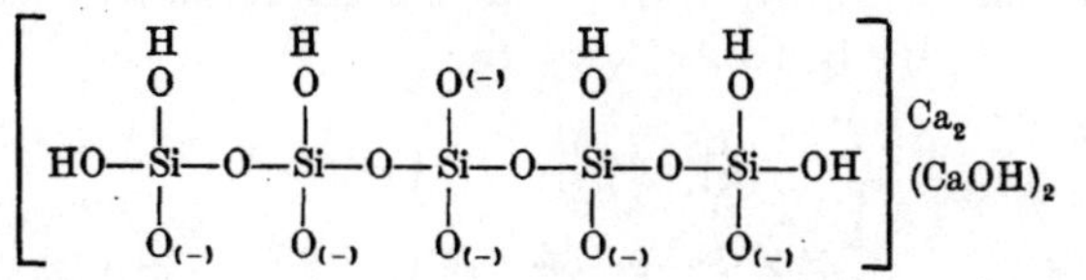

zu geben wäre.

12. Der *Centrallasit* endlich — $4CaO \cdot 7SiO_2 \cdot 5H_2O$ — könnte als

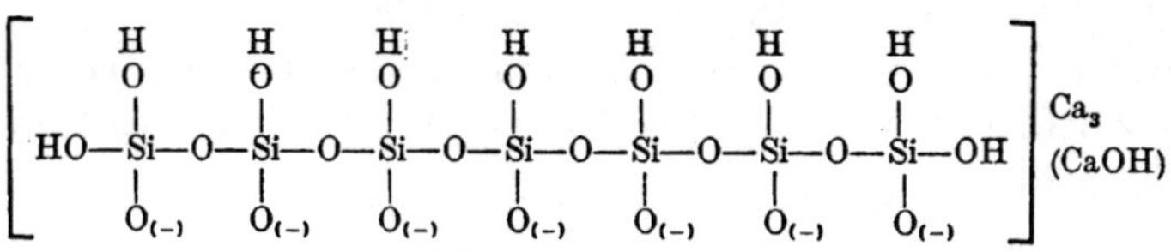

formuliert werden.

13. Bei diesen Formulierungsvorschlägen können alle soeben genannten Calciumhydrosilikate als Hydrolysenprodukte des Pseudowollastonits

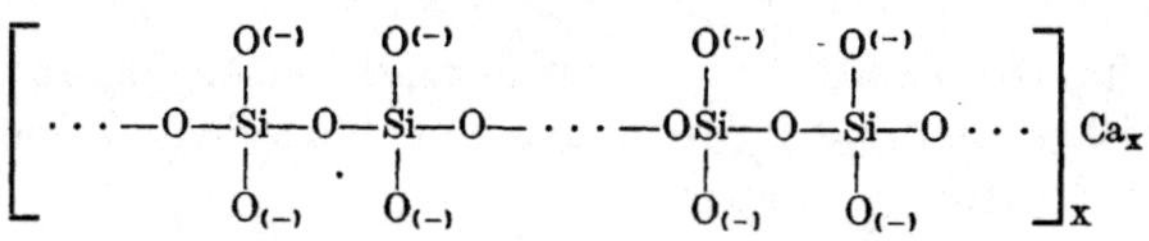

oder als Kondensationsprodukte des $Ca[H_2SiO_4]$ aufgefaßt werden.

Nur ein bisher bekanntgewordener Befund würde den obigen Vorschlägen widersprechen:

S. NAGAI gibt an einer Stelle[14]) an, daß er u. a. zwei Calciumhydrosilikate auf hydrothermalem Wege erhielt, die die Zusammensetzung $3CaO \cdot 2SiO_2 \cdot H_2O$ und $3CaO \cdot 2SiO_2 \cdot 8H_2O$ haben. Die erste Substanz wurde auch von W. JANDER u. FRANKE erhalten und ist beim Afwillit aufgeführt worden. Sollte sich der Gehalt von 8 Mol Wasser bewahrheiten, dann wäre dieses, als einzig bisher bekanntes kristallwasserhaltiges Calciumhydrosilikat anzusehen.

Es ist selbstverständlich, daß die eben zusammengestellten Strukturvorschläge, abgesehen vom Xonotlit und Hillebrandit, bisher einen rein hypothetischen Charakter haben. Weitere, für die Zukunft geplante Arbeiten, sollen sich mit diesen Problemen beschäftigen. Wenn man aber bedenkt, daß alle Calcium- und Natriumsilikate auch schon bei Zimmertemperatur durch Anwendung von flüssigem Wasser hydrolysiert werden, so wäre es kaum verständlich, daß sich Kristallhydrate dieser Verbindungen in der Natur halten sollten. Sie müßten zwangsläufig, wenn oft vielleicht erst lange Zeit nach ihrer primären Bildung, in Verbindungen mit chemisch gebundenem Wasser übergehen und dann zu Produkten der oben genannten Art führen, in denen das Wasser in Form von an Silicium und Calcium gebundenen OH-Gruppen vorliegt.

7. Vorschläge für die Struktur der bisher mit Sicherheit bekannten Natriumhydrosilikate

Von dem aus wäßriger Lösung kristallisiert zu erhaltenden sogenannten Natriummetasilikat $Na_2SiO_3 \cdot n\,H_2O$ sind nach LANGE u. v. STACKELBERG[39]) folgende Hydrate als definierte einheitliche Phasen anzusehen.

$$\left.\begin{array}{l} Na_2SiO_3 \cdot 9\,H_2O \\ Na_2SiO_3 \cdot 6\,H_2O \\ Na_2SiO_3 \cdot 5\,H_2O \end{array}\right\} \text{„Metasilikathydrate"}$$

$$Na_6Si_2O_7 \cdot 11\,H_2O \quad \text{„Pyrosilikathydrat".}$$

Nach G. JANDER u. HEUKESHOVEN[40]) liegen in den Lösungen bis zu einem $p_H \geqq 11$ $(SiO_3)^{2-}$-Anionen, vom $p_H = 11$ an kondensierte Anionen, zunächst die dimeren $(Si_2O_5)^{2-}$ vor. Später formulierten G. JANDER u. JAHR[41] diese Anionen als

$$(SiO_3 \cdot aq)^{2-} \quad \text{und} \quad (Si_2O_5 \cdot aq)^{2-}.$$

Wenn die Konstitution des $Ca[H_2SiO_4]$, das, wie S. 8 und S. 30 beschrieben, in einfacher Fällungsreaktion aus $CaCl_2$-Lösung und Lösungen des Na-Silikates mit der oben abgeleiteten Formel

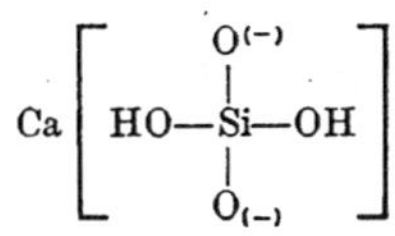

richtig gedeutet ist, dann liegt es nahe, auch die sogenannten Natriummetasilikathydrate als Kristallhydrate des zweifach sauren Dinatrium-Ortho- oder richtiger -Monosilikates, also als $Na_2[H_2SiO_4]$ mit 8; 5 und 4 Molen Kristallwasser

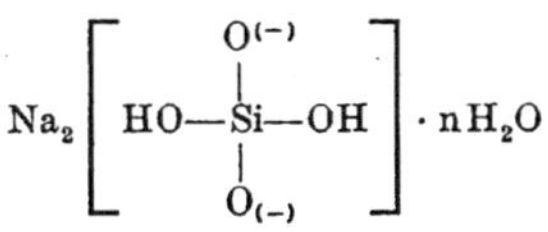

zu deuten*. Nur ein so konstituiertes Na-Silikat kann nach den im vorigen Abschnitt vorgebrachten Erwägungen in Form von Hydraten beständig sein. Ein unter Voraussetzung der Koordinationszahl 4 des Siliziums nur polymer formulierbares „Metasilikat" würde noch leichter als die Ca-Silikate einer Anionenhydrolyse unterliegen müssen. Uns ist keine Tatsache bekannt, die gegen die obige Formulierung spricht. Daß bei kleinerem p_H eine Kondensation zunächst zum dimeren Anion $[H_2Si_2O_7]^{4-}$ stattfindet, ist nicht verwunderlich, sondern

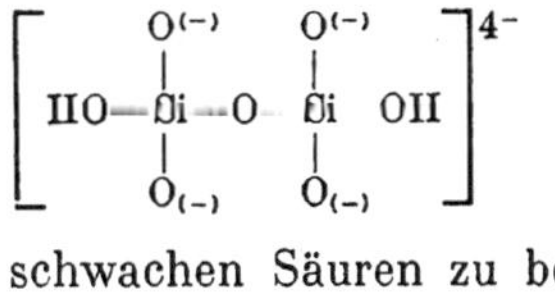

ein bei allen sehr schwachen bis schwachen Säuren zu beobachtender Vorgang. Das von G. JANDER u. HEUKESHOVEN[40]) in stark sauren Lösungen spektroskopisch festgestellte Monomere ist zwanglos als die freie undissoziierte Monokieselsäure

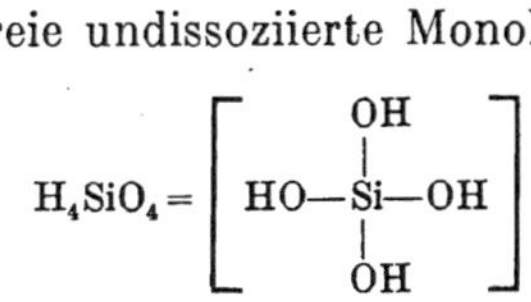

zu deuten.

---

* Eine derartige Formulierung verwenden übrigens auch G. JANDER und H. SPANDAU in ihrem „Kurzen Lehrbuch der anorganischen Chemie" Berlin.

Dagegen ist unserer Meinung nach die von LANGE u. V. STACKELBRRG[39]) aus stark alkalischer Lösung von $Na_2[H_2SiO_4]$ erhaltene Substanz der Zusammensetzung $3\,Na_2O \cdot 2\,SiO_2 \cdot 11\,H_2O$ nicht als 11 Mole Kristallwasser enthaltendes Disilikat

$$Na_6[Si_2O_6] \cdot 11\,H_2O$$

sondern als das einfach saure Trinatrium-Monosilikat-Hydrat $Na_3[HSiO_4] \cdot 5\,H_2O$ der Konstitution

$$Na_3\left[HO-\overset{\displaystyle O^{(-)}}{\underset{\displaystyle O_{(-)}}{\overset{|}{\underset{|}{Si}}}}-O^{(-)}\right] \cdot 5\,H_2O$$

aufzufassen, das dem oben beschriebenen $CaNa[HSiO_4]$ entspricht. Denn ein Disilikatanion müßte durch das Hydratwasser ebenso wie hochpolymere Anionen hydrolysieren und außerdem ist bisher kein Beispiel bekannt, bei dem sich Säurereste durch Alkali zu polymeren Anionen kondensieren; nur das Gegenteil, die Depolymerisation zu niedermolekularen Anionen wurde bei Einwirkung von Alkali bisher beobachtet, was ja auch durchaus den Forderungen des Massenwirkungsgesetzes entspricht.

III. SPEZIELLER TEIL

1. Die experimentellen Verfahren

Für die im folgenden beschriebenen Experimente wurde eine Anzahl von Operationen verwendet, die bei allen durchgeführten Reaktionen, abgesehen von kleinen Änderungen, wiederkehren.

a) Reaktionen im Autoklaven

Für die Reaktionen im Autoklaven wurden die Substanzen im Achatmörser fein gepulvert, in Platin- oder Silbertiegeln eingewogen und mit destilliertem, kohlensäurefreiem Wasser bzw. Lösungen reiner Substanzen (wie CaO oder karbonatfreie Natronlauge) versetzt. Die Tiegel wurden des zurücktropfenden Kondenswassers wegen abgedeckt.

In den Autoklaven wurde stets mehr Wasser eingefüllt, als zur Erreichung des Sättigungsdampfdruckes bei der betreffenden Versuchstemperatur, meist 180°, nötig war. Nach der Reaktion wurden die Präparate in Filtertiegeln abgesaugt und, je nachdem ob Hydrolysengefahr bestand oder nicht, mit Wasser, verdünntem oder absolutem Alkohol und mit Aceton ausgewaschen. Calciumhydroxyd kann durch Auswaschen mit Wasser nicht ausreichend entfernt werden. Nach der von B. FRANKE[15]) angegebenen Methode wurden auch in unserem Falle durch Behandeln der Substanzen mit einem Gemisch aus Acetessigester und Isobutanol bei 100° befriedigende Ergebnisse erzielt.

b) Hydrolyse mit Wasser bis 100°

Für die Hydrolysereaktionen mit flüssigem Wasser wurden die ebenfalls fein gepulverten Substanzen mit der jeweils erforderlichen Menge ausgekochten, reinen Wassers versetzt und während der Dauer der Einwirkung unter Luftausschluß entweder gerührt oder — in den meisten Fällen — in einer Flasche mit einigen Glasperlen durch langsames Rotierenlassen geschüttelt. Die nach verschieden langen Zeiten abgebrochenen Versuchsansätze wurden, wie vorher beschrieben, aufgearbeitet.

c) Hydrolyse mit dosierter Menge Wasserdampf

In einigen Fällen war die Einwirkung einer genau dosierten Menge Wasser in Dampfform notwendig. Dies wurde so ausgeführt, daß die in Reaktion zu bringende Substanz in ein einseitig geschlossenes Glasrohr eingewogen wurde. In tarierte, beidseitig offene Kapillarröhrchen passender Länge ließ man so viel Wasser hineinsteigen, daß auf einer Seite noch etwa 1 cm leer blieb, wog sie wieder und verwendete dann von ihnen eine solche Anzahl, daß die Wassermenge der gefüllten Röhrchen gleich der benötigten Wassermenge war; dann wurden die Röhrchen am leeren Ende zugeschmolzen, mit dem geschlossenen Ende nach unten in das Rohr mit der Einwaage gestellt und das Reaktionsrohr abgeschmolzen.

d) Aufarbeitung der Präparate

Alle Präparate, die durch hydrothermale Reaktionen im Autoklaven oder durch wäßrige Hydrolyse gewonnen wurden, wurden in der Trockenpistole über Phosphorpentoxyd bei 100° im Wasserstrahlvakuum bis zur Gewichtskonstanz getrocknet. Bei dieser Trockenmethode wurde niemals beobachtet, daß die gebildeten Hydrosilikate eine Veränderung durch Abgabe ihres chemisch gebundenen Wassers erlitten. Bei vielen Substanzen genügte eine weniger scharfe Trocknung — wie Stehenlassen bei Zimmertemperatur über Silicagel — jedoch sind einzelne sehr feinteilige Präparate, wie das $Ca[H_2SiO_4]$ oder der Hillebrandit, nur auf die zuerst beschriebene Art zu konstanten und reproduzierbaren Wassergehalten zu bringen.

Jede Substanz wurde vollständig analysiert. In den wenigen Fällen, in denen das nicht geschah oder eine von der Norm abweichende Behandlungsweise angewandt wurde, wird dieses jeweils angegeben. Die angegebenen p_H-Werte wurden mit Lyphanindikatorpapier bestimmt.

Von allen Substanzen wurden außerdem Debye-Aufnahmen hergestellt und diese vermessen. Verwendet wurde Cu k α, β-Strahlung bei 30 kV und 20 mA, Kameradurchmesser 57,82 mm, Aufnahmedauer in der Regel 2—3 Stunden, Präparatenröhrchen aus Cellon nach FRICKE[16]) hergestellt, mit einem Durchmesser von 0,5 mm. Bei der Angabe der Linienlagen, d. h. der auf 0,1 mm genau vermessenen halben Linienabstände, auf den Röntgenaufnahmen bedeuten: sst = sehr stark, st = stark, m = mittel, s = schwach, ss = sehr schwach, sss = äußerst schwach, d = diffus verbreitert.

Für die Aufnahme von Entwässerungskurven wurde die betreffende Substanz jeweils solange bei konstanter Temperatur gehalten, bis die Gewichtsabnahme innerhalb von 8 Stunden nicht mehr als 0,2 mg betrug.

2. Das $CaNa_2[SiO_4]$

Das $CaNa_2[SiO_4]$ ist eine schon mehrfach hergestellte Substanz[17]). Sie wurde, wie schon gesagt, von BARTH u. POSNJAK[1]) sowie von WYCKOFF u. MOREY[2]) röntgenographisch untersucht. Sie kristallisiert im kubischen System mit $a = 7{,}48 \pm 0{,}01$ Å und $Z = 4$. Im Kristallgitter ist das Silizium tetraedrisch von vier O-Atomen umgeben, was der Konstitutionsformel

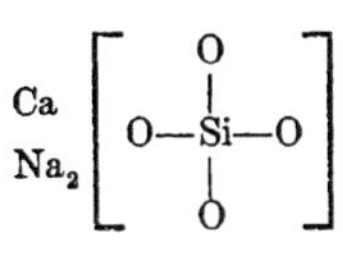

entspricht.

Tabelle 1

Linienlagen und Indizes des $CaNa_2SiO_4$

hkl	$\vartheta/2$	I
111	10,4	s
220 β	15,3	m
220	17,1	sst
222	20,9	ss
400 β	21,8	ss
400	24,4	st
133	27,1	s
224	30,4	st
333, 115	32,3	sss
440	35,6	m
135	37,4	ss
260	40,6	s
444	45,5	ss
246	50,2	s

Für die folgenden Versuche wurde das $CaNa_2[SiO_4]$ durch Reaktion im festen Zustande aus fein zusammengemörserten molaren Mengen von Na_2SiO_3 und $CaCO_3$ durch

10stündiges Erhitzen* auf 700° hergestellt, wobei sich unter CO_2-Abgabe glatt das Monosilikat bildet. Das $CaNa_2[SiO_4]$ wird auf diese Weise als feinteiliges Pulver erhalten, das bei mikroskopischer Betrachtung vollständige Kristallisation und optische Homogenität erkennen läßt. Mit Luftkohlensäure setzt es sich um, in Berührung mit Wasser wird es innerhalb weniger Minuten in seiner äußeren Beschaffenheit deutlich verändert: die Substanz wird feinflockig und locker. In etwa 5prozentiger Salzsäure ist $CaNa_2[SiO_4]$ völlig löslich. Wie auch andere basische Silikate reagiert es mit Wasser oder wäßrigen Lösungen bis 100° nach einem anderen Mechanismus als mit Wasserdampf im Autoklaven bei mindestens 180°.

a) Hydrolysereaktionen mit Wasser bis 100°

Bei der Hydrolyse von $CaNa_2[SiO_4]$ mit Wasser muß — wie bei allen höherbasischen Silikaten — in der Lösung die OH-Ionenkonzentration ansteigen. Außerdem gehen gleichzeitig Kationen in Lösung, wobei sich bei Temperaturen bis 100° gleichgewichtsähnliche Zustände einstellen, bei denen die Zusammensetzung der silikatischen Bodenkörper von den Ionenkonzentrationen der Lösung abhängt.

Solche Hydrolysengleichgewichte bilden sich nur langsam aus und sind für Calciumsilikate schon häufig — besonders von R. NACKEN[12]) unter Beachtung der Gleichgewichtseinstellung mit den Ionen der überstehenden Lösung — untersucht worden.

Unsere Fragestellung bezog sich in erster Linie auf den unbekannten chemischen Mechanismus solcher Hydrolysevorgänge und auf die Konstitution der dabei gebildeten Bodenkörper. Wir verfolgten die Hydrolyse:

A) mit Wasser im Überschuß,
B) mit sehr geringer Menge Wasser und
C) mit Natronlauge.

A) Bei den *Hydrolyseversuchen mit Wasser im Überschuß* betrug dieser die 100—150fache Gewichtsmenge der $CaNa_2[SiO_4]$-Einwaage. Wie weit die Hydrolyse in verschiedenen Zeiten geht, ist in Tabelle 2 zusammengestellt:

Tabelle 2
Die Hydrolyse des $CaNa_2[SiO_4]$ mit flüssigem Wasser bei 20 und 100°

Nr.	$CaNa_2[SiO_4]$ g	H_2O g	Min. Reaktionsdauer	°C	Bodenkörper (Mole)				Röntgenaufnahme
					SiO_2	CaO	$\frac{Na_2O}{2}$	H_2O	
1	0,300	50	10	100	1	1,07	1,67	n. best.	$CaNa_2[SiO_4]$
2	0,300	50	30	100	1	1,03	1,55	0,45	$CaNa_2[SiO_4]$
3	0,300	50	120	100	1	0,93	0,57	0,76	$CaNa_2[SiO_4] + Ca[H_2SiO_4]$
4	0,500	50	180	100	1	1,13	0,05	1,5	$Ca[H_2SiO_4]$
5	0,800	80	1200	20	1	1,02	1,03	0,65	$CaNa_2[SiO_4]$ $((+ Ca[H_2SiO_4]))$
6	1,200	120	3600	20	1	0,96	0,22	1,3	$(CaNa_2[SiO_4])$ $+ Ca[H_2SiO_4]$
7	0,200	20 ccm Natronlauge (20%)	540	100	1		1,05		$CaNa_2[SiO_4]$ mit Aufspaltung der Linie 400

* Diese und andere Reaktionen mit natriumhaltigen Silikaten bei etwa 700° greifen Platintiegel im Verlauf längerer Reaktionszeiten stark an. An den Berührungsstellen mit dem Reaktionsgut bilden sich zuerst blauschwarze Anlauffarben, die sich zu einer schwarzbraunen Oberflächenschicht verstärken. Bei mehr als etwa 900° findet dagegen mit derartigen Substanzen kein merklicher Angriff auf das Platin statt.

Bei etwa 700° verhalten sich Reinsilbergefäße bei den Reaktionen in diesem Temperaturgebiet einwandfrei.

An Hand der Bodenkörperanalysen ergab sich eine Abnahme des Natriumgehaltes der Substanz mit steigender Einwirkungszeit der wäßrigen Lösung. Gleichzeitig damit steigt der Wassergehalt der Bodenkörper. Bei 20° verläuft die Hydrolyse erheblich langsamer, liefert aber dieselben Produkte wie die Versuche bei 100°.

B) Daß man mit *sehr wenig Wasser* gleichgewichtsähnliche Zustände erreichen kann, bei denen die erhaltenen Substanzen in ihrer Zusammensetzung zwischen dem $CaNa_2[SiO_4]$ und dem $Ca[H_2SiO_4]$ liegen, zeigt die Abbildung 2.

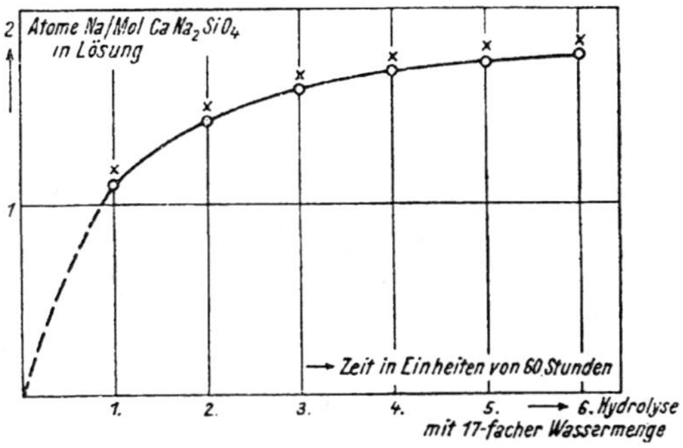

Abb. 2. Hydrolysenverlauf des $CaNa_2[SiO_4]$ mit wenig Wasser bei Zimmertemperatur

4 mMol $CaNa_2[SiO_4]$ (= 712 mg) wurden mit 12 ccm Wasser, wie einleitend beschrieben, 60 Stunden gerührt, im Reaktionsrohr abzentrifugiert, die Wassermenge erneuert und die gewonnenen Lösungen titriert. Nach der ersten Hydrolysenstufe enthält die Lösung 184 mg NaOH, stellt also 1,5proz. Natronlauge dar, das sind 1,15 Atome Na pro Mol $CaNa_2[SiO_4]$-Einwaage. Calciumionen sind in der Lösung nicht vorhanden, Kieselsäure spurenweise. Bei weiterer schrittweiser Hydrolyse mit derselben — jeweils erneuerten — Menge Wasser wird in jedesmal 60stündiger Einwirkungszeit der in Abbildung 2 angegebene Verlauf beobachtet. Der in diesem Zusammenhang nicht näher interessierende, dem Gleichgewichtszustand entsprechende Endwert liegt wahrscheinlich nur unerheblich höher, denn in einem ebenso durchgeführten Versuch, bei dem in jeder Stufe aber 24 Stunden länger hydrolysiert wurde, ergaben sich die in Abbildung 2 nur sehr wenig darüberliegenden (durch Kreuze angegebenen) Werte.

C) Bei Versuch 7 (Tab. 2), mit 20proz. (= 5 molarer) *Natronlauge* als Hydrolysenflüssigkeit, weist die nach 9stündiger Behandlung bei 100° verbliebene Substanz — nach dem Waschen mit 50proz. Alkohol — einen Mol-Gehalt von 1,05 Na pro Si auf. Nach der Zusammensetzung und der Röntgenaufnahme — auf der nur $CaNa_2[SiO_4]$-Linien auftreten — hat es den Anschein, daß die 20proz. Natronlauge die Hydrolyse des zweiten der beiden Natriumatome zurückhält. In einem Drittel der Einwirkungszeit der Natronlauge — z. B. bei Versuch 4 — wird mit reinem Wasser dagegen das gesamte Natrium aus dem $CaNa_2[SiO_4]$ entfernt.

$$CaNa_2[SiO_4] + 2\,H_2O \rightarrow Ca[H_2SiO_4] + 2\,NaOH$$

Auf dem Röntgendiagramm der Substanz vom Natronlaugeversuch 7 ist die Aufspaltung einer Hauptlinie ($\vartheta/2 = 24{,}4$ der Reflexionsebene 400) in zwei sehr dicht benachbarte Linien deutlich feststellbar, während die übrigen Linien nur schwache Verbreiterungen zeigen.

D) *Diskussion der Versuchsergebnisse:* Im Verlauf der Hydrolyse mit Wasser treten bei einem Restgehalt von etwa 0,8 Atomen Natrium im Bodenkörper steigende Mengen Calciumionen in der Lösung auf, die auf einer Hydrolyse des neu entstehenden, auf der Röntgenaufnahme nachweisbaren $Ca[H_2SiO_4]$ beruhen. Wird das $CaNa_2[SiO_4]$ vollständig hydrolysiert (Vers. 6), dann beträgt die gesamte in Lösung gegangene Calciummenge etwa 8% vom Gesamtcalcium.

Bei stufenweiser Hydrolyse mit Wasser oder alkalischen Lösungen unterhalb 100° ist das einfach saure Monosilikat $CaNa[HSiO_4]$ als röntgenographisch definierbare Verbindung also nicht zu erhalten. Das Röntgenbild zeigt, wenn Wasser verwendet wird, nach der ersten Hydrolysenstufe — sowohl bei den Versuchen laut Tabelle 2 als auch in stärker alkalischen Medien — nur die Linien des $CaNa_2[SiO_4]$ und daneben die des $Ca[H_2SiO_4]$ in geringer Intensität. Das Entstehen des $Ca[H_2SiO_4]$ auch bei höherem, noch in der Bodenkörpermischung verbliebenem Na-Gehalt ist verständlich, weil die Hydrolyse bei dem anfänglich zu „sauren" Medium Wasser an der Oberfläche der Kristallteilchen zum $Ca[H_2SiO_4]$ führen muß.

Bei der Hydrolyse von $CaNa_2[SiO_4]$ mit Wasser im Überschuß ist somit das im Phasengleichgewicht stabile Endprodukt der Reaktionen die Verbindung $Ca[H_2SiO_4]$. Bis diese Verbindung allein vorliegt — das heißt, bis alles Natrium hydrolysiert ist — ist eine bestimmte Zeit erforderlich, die die Natriumatome brauchen, um aus dem Inneren der Kristallteilchen herauszudiffundieren. Dementsprechend wird auch die Hydrolyse verlangsamt, wenn die $Na^{\cdot}$- und die OH'-Ionenkonzentration in der flüssigen Phase hoch ist.

Röntgenographisch ist bei den Hydrolysevorgängen keine Veränderung des Kristallgitters festzustellen, bevor ein Atom Natrium aus der Ausgangssubstanz herausgelöst ist. Bei weiterer hydrolytischer Einwirkung über diesen Punkt hinaus treten neben den alten neue Linien, und zwar die des $Ca[H_2SiO_4]$ auf. Dieser Befund ist auf zwei Arten deutbar:

1. Entweder bildet sich aus dem $CaNa_2[SiO_4]$ direkt $Ca[H_2SiO_4]$, das erst von einer gewissen Mindestkonzentration an (hier also etwa 50%) erkennbar wird, oder
2. das Herauslösen des Natriums aus dem Gitter des $CaNa_2[SiO_4]$ findet ohne merkbare Umordnung der Struktur statt, bis eine Substanz der formelmäßigen Zusammensetzung „$CaNa[HSiO_4]$" entstanden ist, die erst bei weiterer Hydrolyse in $Ca[H_2SiO_4]$ übergeht, das sich dann röntgenographisch auch als neue Phase bemerkbar macht.

Für die erste — allerdings unwahrscheinliche Annahme — scheint zu sprechen, daß das bei der Hydrolyse als Endprodukt auftretende $Ca[H_2SiO_4]$ sehr feinteilig vorliegt. Es ist daher denkbar, daß dieses erst bei relativ hohen Konzentrationen in der Röntgenaufnahme bemerkbar wird und infolgedessen zunächst der Beobachtung entgeht. Es liegen aber viele Beobachtungen vor, daß diese außerordentlich feinteilige Verbindung auch in Gemischen — und zwar von etwa 20% der Gesamtmenge an — röntgenographisch deutlich erkennbar ist, z. B. bei der wäßrigen Hydrolyse von $CaNa[HSiO_4]$.

Sicherlich trifft die zweite Deutung zu, denn wie unten beschrieben wird, verläuft die Hydrolyse bei höherer Temperatur (180°) unter Bildung von $CaNa[HSiO_4]$ als Primärprodukt mit eigenem Gitter, zu dessen Ausbildung offenbar eine gewisse Aktivierungsenergie notwendig ist, die hier aus dem Wärmeinhalt der auf 180° erhitzten Substanz geliefert wird. Ein ganz analoger Fall liegt, wie unten S. 53 gezeigt wird, bei der Bildung des Hillebrandits aus β-$Ca_2[SiO_4]$ mit Wasser bei 100° vor.

Ein zweites Argument dafür, daß die zweite der genannten Deutungen die richtige ist, lieferte die Beobachtung, daß ein bei 20° bis zu einem Verlust von 0,97 Atomen Natrium hydrolysiertes $CaNa_2[SiO_4]$, das nun die Zusammensetzung

$$1\,SiO_2 \cdot 1{,}02\,CaO \cdot 0{,}51\,Na_2O \cdot 0{,}65\,H_2O$$

hatte und das unveränderte Röntgendiagramm des $CaNa_2[SiO_4]$ ergab — nach dem Auswaschen mit Alkohol und Trocknen bei 100° — beim Erhitzen im zugeschmolzenen Rohr auf 180° in 12 Stunden das gut ausgebildete Diagramm des $CaNa[HSiO_4]$ (siehe S. 29) zeigte.

Für das Vorliegen einer metastabilen Zwischensubstanz „$CaNa[HSiO_4]$" mit dem Gitter des $CaNa_2[SiO_4]$ spricht ferner, daß bei der Behandlung von $CaNa_2[SiO_4]$ mit Natronlauge bei 100° (siehe oben S. 21) im Röntgendiagramm die Linien des $CaNa_2[SiO_4]$ verbreitert und eine in eine Doppellinie aufgespalten wird, was allgemein (vgl. BRANDENBERGER[18]) auf das Vorliegen einer Substanz mit erheblichen Gitterstörungen und ein Schwanken der Gitterkonstanten in den einzelnen Kristalliten hinweist.

Eine weitere Bestätigung ergibt sich aus den S. 26 beschriebenen Versuchen beim Umsatz von $CaNa_2[SiO_4]$ mit weniger als einem Mol $KHSO_4$ bei 180°. Bei diesen wird ebenfalls Natrium gegen Wasserstoff ausgetauscht, ohne daß sich das Röntgendiagramm ändert.

Der Mechanismus der wäßrigen Hydrolyse des $CaNa_2[SiO_4]$ bis 100° scheint also ein kontinuierlich erfolgendes Hinausdiffundieren von Natrium aus dem Gitter zu sein, wobei valenzmäßiger Ausgleich gegen Wasserstoff unter Erhaltung der Struktur stattfindet, wenn der Substanz nicht mehr als ein Atom Natrium pro Mol entzogen wird. Erst danach bildet sich $Ca[H_2SiO_4]$. Stabile Zwischenstufen sind röntgenographisch nicht eindeutig faßbar (vgl. auch S. 57).

b) Hydrolyse mit Wasser bei 180°

Läßt man Wasser im Autoklaven bei höherer Temperatur auf das $CaNa_2[SiO_4]$ einwirken, so tritt von 180° an ein anderer Reaktionsmechanismus als der soeben beschriebene in Erscheinung. Außerdem führen die Versuche mit Wasserdampf und mit flüssigem Wasser zu verschiedenen Produkten.

A. *Einwirkung von Wasserdampf.* Bei dosierter Einwirkung von erst 2 mMol dampfförmigem Wasser auf ein mMol $CaNa_2[SiO_4]$ an, die, wie beschrieben, durch Einwägen des Wassers in Kapillarröhrchen und Erhitzen im geschlossenen Rohr vorgenommen wurde, entsteht ein Reaktionsprodukt, das nach:

$$CaNa_2[SiO_4] + H_2O\ (\text{Dampf}) \rightarrow CaNa[HSiO_4] + NaOH$$

durch den Gehalt an NaOH stark hygroskopisch ist; es wurde mit wenig 50proz. Äthanol gewaschen und gab an die Waschflüssigkeit 0,93 Mol NaOH, also fast genau 1 Mol NaOH, bezogen auf die Einwaage an $CaNa_2[SiO_4]$ ab.

Die Röntgenaufnahme zeigte ein neues Diagramm (S. 29), und zwar das der Verbindung $CaNa[HSiO_4]$, wobei der feste Rückstand die analytische Zusammensetzung (in Mol):

$$1\,SiO_2 \cdot 1{,}0\,CaO \cdot 0{,}505\,Na_2O \cdot 0{,}58\,H_2O$$

hatte. Wasserdampf in großem Überschuß (Sättigungsdampfdruck bei 200° im Autoklaven) treibt die Hydrolyse nicht weiter, es wird ebenfalls $CaNa[HSiO_4] + NaOH$ ohne Nebenprodukte mit quantitativer Ausbeute gebildet.

B. *Einwirkung von flüssigem Wasser.* Bei Verwendung flüssigen Wassers bei 180° wird, wie Analyse und Röntgenaufnahme zeigen, je nach der Wassermenge ein Gemisch von $CaNa[HSiO_4]$ und $Ca[H_2SiO_4]$ gebildet, und zwar tritt, wie ohne weiteres verständlich, mit steigendem Verhältnis von Wasser zu $CaNa_2[SiO_4]$ laufend mehr $Ca[H_2SiO_4]$ im Bodenkörper auf. Wird der flüssigen Phase vorher mindestens 1 n-Natronlauge zugesetzt, so findet sich, wie bei der Einwirkung von Wasserdampf auf das $CaNa_2[SiO_4]$, ausschließlich $CaNa[HSiO_4]$ als Reaktionsprodukt. Bei dem Verfahren mit Wasserdampf ist die Konzentration an $Na^{\cdot}$- und OH'-Ionen im enstandenen Gemisch wegen des sich bildenden NaOH sehr hoch, aber dennoch ist die Abspaltung des ersten Na-Atoms vollständig.

Bei diesen Versuchen tritt, wegen der Ausbildung der anscheinend stabilen Modifikation des $CaNa[HSiO_4]$, klarer als bei der Umsetzung mit flüssigem Wasser bei 20° bis 100° der stärker saure Charakter der zweiten OH-Gruppe in Erscheinung. Das entsprechende Na-Salz befindet sich deutlich im Hydrolysengleichgewicht mit den OH'-Ionen (p_H) in der verwendeten Lösung. Dies steht in einem gewissen Gegensatz zu den Befunden von FLINT, MCMURDIE u. WELLS[3]), denen zufolge die dritte und vierte Dissoziationskonstante der Kieselsäure gleich hoch sein sollen.

c) Umsatz von $CaNa_2[SiO_4]$ mit sauren Salzen im festen Zustand

Auch ohne Wassereinwirkung läßt sich aus dem $CaNa_2[SiO_4]$ das Na schrittweise gegen H austauschen, wenn die trockene Substanz mit äquimolaren Mengen von NH_4Cl (oder $KHSO_4$) bei 20° zur Reaktion gebracht wird. Daß hierbei ein Umsatz durch die Reaktion der festen Komponenten stattfindet, ist an der langanhaltenden Entwicklung von NH_3 feststellbar, wenn man NH_4Cl verwendet. Mit 1 Mol NH_4Cl (oder $KHSO_4$) wird das $CaNa_2[SiO_4]$ (1 Mol) zu 20—30% der Gesamtmenge, entsprechend der Reaktionsgleichung:

$$4CaNa_2[SiO_4] + 4NH_4Cl \rightarrow 3CaNa_2[SiO_4] + 2NaCl + CaCl_2 + SiO_2 \cdot aq + 4NH_3$$

partiell aber vollständig zersetzt, kenntlich daran, daß bei schnellem Extrahieren mit Wasser $2Na^{\cdot}$- auf $1Ca^{\cdot\cdot}$-Ion in Lösung gefunden werden, während der Rest der Substanz unverändert bleibt.

Dieser Befund ändert sich bei 140° qualitativ nicht.

Werden dagegen molare Mengen von $CaNa_2[SiO_4]$ und $KHSO_4$ zusammen verrieben und im zugeschmolzenen Rohr 20 Stunden lang auf 180° erhitzt, so ist der Gehalt an als $CaSO_4$ abgespaltenen Calciumionen im Reaktionsgemisch nur sehr gering. Er beträgt im Mittel zwischen 2 und 5% der im $CaNa_2[SiO_4]$ ursprünglich vorhandenen Calciummenge, während er bei 20° zwischen 20 und 40% betrug. Das bedeutet, daß auch bei dieser Reaktion der Verlauf bei 180° ein anderer ist als bei niederen Temperaturen; es wird bei 180° fast nur Natrium abgegeben.

Die Analyse der durch Waschen mit kaltem Wasser von Sulfat befreiten, nach der Gleichung

$$2CaNa_2[SiO_4] + 2KHSO_4 \rightarrow 2CaNa[HSiO_4] + Na_2SO_4 + K_2SO_4$$

entstandenen Substanz, die nur unwägbare Spuren von SO_4''-Ionen enthält, ergab in Mol

$$1\,SiO_2 \cdot 1\,CaO \cdot 0{,}53\,Na_2O \cdot 0{,}49\,H_2O.$$

Die Debye-Aufnahme zeigte das gut ausgebildete Diagramm des $CaNa[HSiO_4]$, das vollständig identisch ist mit dem Diagramm der Substanz, die aus $CaNa_2[SiO_4]$ mit Wasserdampf bei 180° erhalten wird.

Werden auf 1 Mol $CaNa_2[SiO_4]$ 2 Mole $KHSO_4$ bei 180° zur Reaktion gebracht, dann tritt neben $CaNa[HSiO_4]$ in etwa gleicher Menge $Ca[H_2SiO_4]$ auf. Der Umsatz zum $Ca[H_2SiO_4]$ geht aber nur sehr langsam vor sich, weil in dem sicherlich intermediär gebildeten $CaNa[HSiO_4]$ das Natrium viel fester gebunden ist als das erste Natriumatom im $CaNa_2[SiO_4]$. Auch die Reaktionsprodukte dieser Ansätze enthalten nach dem Auswaschen nur unwägbare Spuren von SO_4''-Ionen.

d) Entzug von weniger als einem Atom Natrium aus dem $CaNa_2[SiO_4]$ mit $KHSO_4$

Bei der wäßrigen Hydrolyse des $CaNa_2[SiO_4]$ ließen sich den Kristallteilchen im Austausch gegen Wasserstoff $Na^{\cdot}$-Ionen entziehen, und zwar so, daß keine Änderungen im Debyeogramm festzustellen waren, wenn mindestens 1 Atom Natrium in der Verbindung verblieb. Es wurde nun untersucht, ob bei Verwendung von weniger als 1 Mol $KHSO_4$ pro Mol $CaNa_2[SiO_4]$ in einem dem angewandten $KHSO_4$ entsprechenden Teil der Substanz, das saure Monosilikat $CaNa[HSiO_4]$, neben restlichem $CaNa_2[SiO_4]$ ensteht oder ob, wie bei den Hydrolysen mit flüssigem Wasser, das $CaNa_2[SiO_4]$-Gitter mit Natriumunterschuß bestehen bleibt.

Bei 180° wurden in 60 Stunden mit 0,5 und 0,8 Mol $KHSO_4$ Umsetzungen erreicht, bei denen bei vollständiger Umsetzung des $KHSO_4$ nur sehr geringe Mengen Calcium (2% des Gesamt-Ca) im Filtrat gefunden wurden. Der Angriff unter Gesamtzerstörung ist also gering, es wird überwiegend nur Natrium ausgetauscht. Die Röntgenaufnahme ließ neben dem Diagramm des $CaNa_2[SiO_4]$ keine neuen Linien erkennen, womit sich auch auf diesem Wege zeigt, daß ein kontinuierlicher Entzug von Natrium aus dem Gitter des $CaNa_2[SiO_4]$ — zunächst ohne Zusammenbrechen der Struktur — möglich ist.

Der Austausch von $Na^{\cdot}$-Ionen aus dem $CaNa_2[SiO_4]$ gegen $H^{\cdot}$-Ionen aus dem $KHSO_4$ muß als Reaktion im festen Zustande direkt stattfinden. An eine Abspaltung von Wasser aus dem $KHSO_4$, das bei 180° die gleiche Verbindung $CaNa[HSiO_4]$ bilden müßte (vgl. S. 26), ist nicht zu denken, weil besonders angestellte Versuche zeigten, daß $KHSO_4$ während 80 Stunden bei 180° völlig stabil ist und kein Wasser abgibt*.

3. Reaktionen des $CaNa[HSiO_4]$

a) Eigenschaften und Abspaltung des zweiten Na-Atoms zu $Ca[H_2SiO_4]$

Bei der Herstellung nach den bisher besprochenen Reaktionen entsteht das $CaNa[HSiO_4]$ als sehr feinkristallines Pulver. In Berührung mit Wasser nimmt dieses einen p_H-Wert von 10,5 an, wobei NaOH nur aus den Oberflächenschichten in Lösung geht. An der Luft reagiert die Substanz mit CO_2; im Exsikkator über KOH lange Zeit aufbewahrt, nimmt sie zusätzlich Wasser auf (siehe S. 29).

b) Hydrolyse mit Wasser

Entsprechend dem Befund, daß die Hydrolyse von $CaNa_2[SiO_4]$ mit überschüssigem Wasserdampf nur zur Bildung von $CaNa[HSiO_4] + NaOH$ führt, wird auch reines $CaNa[HSiO_4]$ von dampfförmigem Wasser nicht merklich angegriffen. Die Einwirkung von flüssigem Wasser auf $CaNa[HSiO_4]$ führt — unabhängig davon, ob unterhalb oder oberhalb 100° gearbeitet wird — zu den gleichen Produkten.

Das bei 20° aus $CaNa_2[SiO_4]$ mit flüssigem Wasser herstellbare instabile Produkt „$CaNa[HSiO_4]$" mit noch einem Atom Na und der Struktur des Ausgangsmaterials $CaNa_2[SiO_4]$, gibt bei Einwirkung von Wasser das zweite Na-Atom leicht ab, so daß nach etwa 2 Stunden bei 100° — oder 20 Stunden bei 20° — mit der 100fachen Menge Wasser kein Natrium mehr in der Substanz feststellbar ist und als Bodenkörper nur $Ca[H_2SiO_4]$ vorliegt.

Im Gegensatz dazu wird die stabile Modifikation des $CaNa[HSiO_4]$ mit eigenem Gitter, obwohl es als sehr feinkristallines Pulver vorliegt, nur sehr langsam angegriffen. 2stündiges Kochen mit der 100fachen Menge Wasser und 15stündiges Stehenlassen bei 20° ergibt in der Lösung nur eine Menge von 0,2 Mol Natrium (bezogen auf die Einwaage). Bei nochmaliger Behandlung mit Wasser gehen weitere 0,1 Mol Natrium in Lösung, so daß der Bodenkörper noch 0,7 Mol Na/Si enthält. Der Wassergehalt dieser Substanz (im Exsikkator über Silicagel getrocknet), beträgt 16,1%. Der Prozentgehalt an Konstitutionswasser bei einer Mischung von 70% $CaNa[HSiO_4]$ + 30% $Ca[H_2SiO_4]$ — entsprechend dem analytisch gefundenen Na-Gehalt — sollte 8,08% betragen. Von den gefundenen 16,1% können in der Trockenpistole bei 100° im Vakuum über P_2O_5 6,2% adsorbiertes Wasser entfernt werden, bis 700° werden weitere 7,7% abgegeben, bis 1000° noch 2,2%, zusammen also 16,1%. Der Gewichtsverlust zwischen 700 und 1000° rührte von einem geringen CO_2-Gehalt her, dessen Aufnahme bei dem Absauge- und Trockenvorgang unbeabsichtigt erfolgte.

---

* Nach CAMBI[20]) gibt $KHSO_4$ im Vakuum erst oberhalb 230° Wasser ab.

Die Röntgenaufnahme des Hydrolysenproduktes zeigt die Linien von $CaNa[HSiO_4]$ und $Ca[H_2SiO_4]$ in fast gleicher Intensität, was an der Umhüllung der Kristallite des $CaNa[HSiO_4]$ durch $Ca[H_2SiO_4]$ liegen kann und seine Linien in der Aufnahme relativ stark hervortreten läßt.

c) Reaktion des $CaNa[HSiO_4]$ mit $KHSO_4$

Ein Versuch, das Natrium aus dem $CaNa[HSiO_4]$ auch mit $KHSO_4$ abzuspalten, lief 40 Stunden bei 200°. Die Röntgenaufnahme zeigte dennoch deutlich die Anwesenheit von unverändertem $CaNa[HSiO_4]$. Ebenso unvollständig war der Versuch, 1 Mol $CaNa_2[SiO_4]$ direkt mit 2 Mol $KHSO_4$ umzusetzen (siehe S. 26), wobei das primär gebildete $CaNa[HSiO_4]$ eindeutig nachweisbar war, die weitere Abspaltung von Natrium aber unvollständig blieb.

Auch hierdurch zeigt sich, daß bei Anwesenheit einer sauren OH-Gruppe am Silicium das noch vorhandene Natriumatom erheblich fester gebunden ist als das zweite im $CaNa_2[SiO_4]$. Es kann zwar mit Wasser unter Ersatz durch ein zweites Wasserstoffatom sehr langsam herausgelöst werden, wird aber schon durch 5proz. Natronlauge daran gehindert.

Ganz dementsprechend geht das $CaNa[HSiO_4]$ auch eine glatte Umsetzungsreaktion mit $Ca(OH)_2$-Lösung zum Hillebrandit $(CaOH)Ca[HSiO_4]$ ein, wie bei diesem (siehe S. 14 u. 54) beschrieben wird.

Das $CaNa[HSiO_4]$ ist, außer nach den bisher angegebenen Verfahren, in reiner Form auch aus sämtlichen bisher untersuchten calciumhaltigen Silikaten mit kettenförmigen Anionenverbänden erhältlich, wenn diese mit etwa 20proz. Natronlauge bei 200° behandelt werden. Zum Monosilikat wurden auf diese Weise aufgespalten:

1. Das Disilikat $Ca_2Na_2[Si_2O_7]$ (siehe S. 37),
2. das saure Ca-Salz der Tetrakieselsäure (Xonotlit), $Ca_4[(SiO_3)_4(OH)_2]$ (siehe S. 11 u. 41),
3. der Pseudowollastonit (α-Wollastonit) $(CaSiO_3)_x$ (siehe S. 42),
4. der Dinatriumpseudowollastonit $(Ca_2Na_2Si_3O_9)_x$ (siehe S. 50),

nicht aber die Silikate mit ringförmigem Anion (Wollastonit [siehe S. 38] und Pektolith [siehe S. 46]).

d) Beweis für die Konstitution des $CaNa[HSiO_4]$

Die Konstitution der beschriebenen Verbindung von der Zusammensetzung

$$2CaO \cdot 2SiO_2 \cdot Na_2O \cdot H_2O$$

als saures Monosilikat ist schon festgelegt

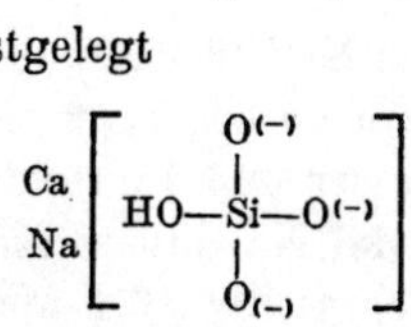

durch ihre eindeutige Herstellungsreaktion aus dem $CaNa_2[SiO_4]$ mit $KHSO_4$ bei 180° nach der Gleichung:

$$2CaNa_2[SiO_4] + 2KHSO_4 \rightarrow 2CaNa[HSiO_4] + K_2SO_4 + Na_2SO_4.$$

Fast sämtliche im Übersichtsbild (siehe S. 15) aufgeführten Reaktionen des $CaNa[HSiO_4]$ können als weitere Beweismittel herangezogen werden. Einen zusätzlichen Hinweis dafür, daß die Kristalle des $CaNa[HSiO_4]$ tetraedrische $[XO_3OH]$-Anionen enthalten, liefert ein Vergleich seines Röntgendiagrammes mit dem des Na_2SO_4, s. Tab. 3, die einander so ähnlich sind, daß man mit der Isotypie beider Stoffe rechnen möchte. Ein vollgültiger Beweis hierfür wäre allerdings noch zu erbringen.

Tabelle 3

Vergleich der Linien des $CaNa[HSiO_4]$ und Na_2SO_4
Na_2SO_4: (RG · D_{2h}^{24} — Fddd a = 5,821; b = 12,3; c = 9,82 Å; Z = 8)

Na_2SO_4 Indizierung nach Colby[43]			$CaNa[HSiO_4]$	
hkl	$\vartheta/2$	I	$\vartheta/2$	I
111	9,6	sst	9,0	sss
			10,3	sss
022	11,6	s	11,7	ss
113 β	12,8		12,9	s
131	14,0	m	14,2	s
040	14,5	m		
113	16,0	sst	15,8	sst
220	16,9	sst	16,7	m
133; 222	19,2	st	19,6	ss
151	20,3	ss	20,5	s
311 β	21,85	s	21,5	ss
044; 062	23,6	sss	23,7	m
311; 153	24,4	sst		
224; 125	25,3	ss	26,0	st
260; 313	27,4	m	27,9	m
026; 244; 262	28,7	ss		
880; 333	29,4	m	29,2	m
173; 351	30,8	s		
400	31,8	sss	31,5	st
206	32,5	s	33,0	s
315	33,8	ss		
444; 282	35,6	ss	35,0	m
371; 191; 137	36,6	s	36,0	ss
404	37,9	sss		
008; 193	38,7	ss		
373	39,4	ss		
			40,5	ss
444	41,5	sss		
317; 195; 2—10—2	44,3	ss		
119	45,9	ss	45,5	s
533	46,5	ss	46,8	s
1—11—3	47,6	ss		
0—12—0	48,3	sss	48,3	ss
553	49,6	sss	50,9	sss
159	51,7	sss	51,9	s
197	50,2	ss		
555	55,7	sss		
713	73,9	sss		
733	76,6	sss		

e) Wassergehalt und Entwässerung des $CaNa[HSiO_4]$ zum Disilikat

Eine Verbindung der Konstitution $CaNa[HSiO_4]$ kann beim Entzug ihres Konstitutionswassers nur das Disilikat $Ca_2Na_2[Si_2O_7]$ bilden. Wird das $CaNa[HSiO_4]$ durch Umsetzung von $CaNa_2[SiO_4]$ mit $KHSO_4$ bei 180° gewonnen, so enthält es kein zusätzliches Wasser, denn es ist nach schnell durchgeführtem Auswaschen des K_2SO_4 und Na_2SO_4 mit kaltem Wasser — über P_2O_5 in der Trockenpistole bei 100° im Vakuum aufbewahrt — im Gewicht mit der Zusammensetzung $CaO \cdot \frac{1}{2} Na_2O \cdot SiO_2 \cdot \frac{1}{2} H_2O$ völlig konstant. Im getrockneten und CO_2-freien Luftstrom findet bis 250° keine H_2O-Abgabe statt, bei 350° dagegen beträgt der Gewichtsverlust bei verschiedenen Präparaten 1. 5,7%, 2. 5,9% (theoretisch 5,77%).

Bei einem $CaNa[HSiO_4]$-Präparat, das aus $CaNa_2[SiO_4]$ mit Wasserdampf bei 180° hergestellt war, betrug der Gewichtsverlust 1. 6,8%, 2. 7,1%. Das gleiche Präparat, das 5,7% H_2O enthielt, wurde nach 2 Monaten Aufbewahrung im Exsikkator über KOH nochmals entwässert. Bei 1000° wurden nun 12,5% Gewichtsverlust festgestellt, von denen bei 100° im Vakuum über P_2O_5 nach 72 Stunden 1,5% entfernt waren, bei 650° wurden weitere 8,3% abgegeben, zwischen 650 und 1000° noch 2,7%, die von inzwischen gebildetem Karbonat herrühren. Bei langem Stehenlassen bei 20° nimmt das $CaNa[HSiO_4]$ also mehr Wasser auf als die Präparate enthalten, die mit Wasserdampfüberschuß bei 180° hergestellt wurden (6,8% und 7,1%). Die hier bei Zimmertemperatur zum Ausdruck kommenden hygroskopischen Eigenschaften des $CaNa[HSiO_4]$ finden darin ihre Bestätigung, daß auch ein aus $Ca[H_2SiO_4]$ durch Kochen mit Natriumäthylat hergestelltes $CaNa[HSiO_4]$ (vgl. S. 35) einen größeren Gewichtsverlust beim Erhitzen zeigt als der Formel $CaNa[HSiO_4]$ entspricht. Von Substanzen, deren Wassergehalt etwa 1 Mol (10,9%) beträgt, wurden Röntgenaufnahmen angefertigt. Sie zeigen das unveränderte Diagramm des $CaNa[HSiO_4]$. Das Wasser ist also nicht konstitutionsgebunden, sondern adsorbiert.

Die Entwässerungsprodukte bei 350°, die die Zusammensetzung $1\,SiO_2 \cdot 1\,CaO \cdot \frac{1}{2}\,Na_2O$ haben, zeigen ein neues scharfes Röntgendiagramm, das dem Disilikat $Ca_2Na_2[Si_2O_7]$ zukommt (Linienlagen siehe S. 37).

Die gleiche Verbindung mit identischem Röntgenbild wird aus Wollastonit und Na_2CO_3 durch Reaktion im festen Zustande bei 700° erhalten, wenn entsprechende Mengen davon umgesetzt werden.

4. Das $Ca[H_2SiO_4]$

a) Herstellung und Zusammensetzung

Das Calcium-Dihydrogenmonosilikat $Ca[H_2SiO_4]$ ist außer durch die oben beschriebenen Hydrolysen von $CaNa_2[SiO_4]$ oder $CaNa[HSiO_4]$ und eine ganze Reihe weiter unten angegebener Reaktionen durch Fällung von $CaCl_2$-Lösungen mit Lösungen von $Na_2[H_2SiO_4]$ leicht zugänglich.

Zur Darstellung verwendet man am besten eine siedend heiße, CO_2-freie $\frac{m}{20}$ $CaCl_2$-Lösung mit einem p_H von etwa 5 und läßt dazu eine kalte $\frac{m}{20}$-Lösung von kristallisiertem Natriumsilikat (Molverhältnis $Na_2O : SiO_2 = 1:1$), unter schwachem Rühren und Ausschluß von CO_2, langsam zutropfen. Dabei fällt das $Ca[H_2SiO_4]$ zunächst als flockiger, sehr feinteiliger Niederschlag, der sich beim ruhigen Stehen nach kurzer Zeit absetzt, gröber flockig wird, sich gut filtrieren und auswaschen läßt und, wie Röntgenaufnahmen zeigen, kristallisiert ist. Es muß dabei so gearbeitet werden, daß das $CaCl_2$ im Überschuß bleibt; ist das nicht der Fall oder verwendet man einen Überschuß von Natriumsilikat, so bleibt der Niederschlag feinteilig, ist schlecht auszuwaschen und röntgenamorph.

Amorph bleiben die Niederschläge auch dann, wenn man bei $CaCl_2$-Überschuß in einem Guß fällt und filtriert, bevor das Zusammenballen stattgefunden hat. Der feine Niederschlag läuft leicht durch das Filter und verändert sich auch nach langem Stehen im Filtrat nicht mehr. Bei teilweiser Filtration der feinteiligen Suspension bleibt der feinteilige Niederschlag im Filtrat unverändert. Der nicht filtrierte Anteil ballt sich, wie üblich, nach kurzer Zeit zusammen und wird kristallin. Dieses Kristallinwerden ist allem Anschein nach an bestimmte Bedingungen im Fällungsmilieu gebunden. Zwei der notwendigen Vorbedingungen dafür scheinen ein Überschuß an $Ca^{\cdot\cdot}$-Ionen und das schwach saure p_H der Lösung zu sein, in der die ersten Teile des Niederschlages entstehen. Nach dem Zusammenballen hat die Mutterlauge ein p_H von etwa 9. Ist das p_H der $CaCl_2$-Lösung $< 4{,}8$ oder $> 5{,}5$, so werden die Niederschläge zwar beim Stehen auch langsam gröber, bleiben aber schlecht filtrierbar und röntgenamorph. Zugabe von Säure zur fällenden Silikatlösung verhindert ebenfalls das Kristallinwerden der Niederschläge, Zugabe von Lauge aber nicht (vgl. S. 35). Die kristallinen Niederschläge werden unter Ausschluß von CO_2 zunächst mit heißem Wasser und dann am besten mit trockenem Aceton gewaschen. Sie enthalten dann zwar sehr viel adsorbiertes Aceton, sind aber in dieser Form in einem geschlossenen Gefäß beliebig lange aufzubewahren. Das Aceton läßt sich für die weitere Verwendung bei Ausschluß von CO_2 durch Behandeln der Substanz im Vakuum der Wasserstrahlpumpe bei 100° leicht entfernen. Das dann resultierende Produkt ist staubfein und sehr empfindlich gegen CO_2. Die so hergestellten Niederschläge enthalten pro Mol SiO_2 0,83 — 1,07 Mol CaO. Im Mittel von 17 Darstellungen ergab sich der Wert 0,91 Mol CaO. Der Natriumgehalt betrug maximal 0,025 Mol Na_2O, der Wassergehalt der in der Trockenpistole über P_2O_5 bei 100° getrockneten Substanz 0,94 bis 1,07 Mol; bei Zimmertemperatur über Silikagel getrocknet 1,7—2,5 Mol.

Die so hergestellten Niederschläge enthalten also stets einen geringen SiO_2-Überschuß, der aber offenbar als amorphes SiO_2-Hydrat vorliegt, da die Röntgenaufnahmen nur die Linien der durch Hydrolyse von $CaNa_2SiO_4$ hergestellten stöchiometrisch zusammengesetzten Präparate zeigen (siehe Tab. 4).

Tabelle 4

Linienabstände von zwei auf verschiedenem Wege hergestellten $Ca[H_2SiO_4]$-Präparaten

$Ca[H_2SiO_4]$ aus $CaNa_2[SiO_4]$		$Ca[H_2SiO_4]$ gefällt	
$\vartheta/2$	I	$\vartheta/2$	I
11,5	std		
14,7	st	14,5 }	st
		14,9 }	st
16,0	s	16,1	sss
		17,0	m
21 }	ssd	21,4 }	sd
23,3 }	ssd	22,8 }	sd
		24,4	sss
24,8	s	25,0	m
27,6	sss	27,7	s
30,4	sss ?	30,4	m
33,3	sss	33,5	m

Bei verschiedenen Präparaten kann die Teilchengröße schwanken, was im Röntgendiagramm daran kenntlich wird, daß bei feinteiligem $Ca[H_2SiO_4]$ die Linien verbreitert erscheinen und schwache Linien nicht mehr erkennbar sind, bei photometrischer Auswertung[1] aber in Erscheinung treten.

Alle Versuche, auch durch Fällung stöchiometrisch zusammengesetzte Niederschläge dadurch zu erhalten, daß Säure oder Lauge zu den Fällungslösungen zugefügt wurden, hatten nicht den gewünschten Erfolg. Entweder entstanden dabei schlecht filtrierbare und amorphe Niederschläge oder es erhöhte sich der unerwünschte Natriumgehalt. Für alle weiteren Versuche wurden Präparate verwendet, die 0,9—1,05 Mol CaO pro Mol SiO_2 enthielten.

[1] Herrn Prof. NEUNHOEFFER, Berlin-Buch, danken wir auch an dieser Stelle herzlich für die Anfertigung einiger solcher Photometerkurven.

b) Eigenschaften des $Ca[H_2SiO_4]$

Verhalten gegen Wasser: Von reinem Wasser wird die Substanz langsam hydrolysiert, wobei $Ca^{\cdot\cdot}$-Ionen und Kieselsäure in Lösung gehen. Es tritt aber bald ein Gleichgewicht ein, wenn nicht das Wasser laufend erneuert wird, und zwar ist das $Ca[H_2SiO_4]$ beständig in Berührung mit einer Lösung, die 0,195 g CaO im Liter Wasser gelöst enthält, was R. NACKEN[12] für die Verbindung $CaO \cdot SiO_2 \cdot x\,H_2O$ festgestellt hat, die nach allen Angaben sicher identisch mit dem hier beschriebenen $Ca[H_2SiO_4] \cdot aq$ ist.

Was die Löslichkeit des $Ca[H_2SiO_4]$ in Wasser anbetrifft, ist interessant, daß nach genauen Bestimmungen von E. P. FLINT u. L. S. WELLS[19] die Löslichkeit der Kieselsäure in Wasser, das mehr $Ca(OH)_2$ gelöst enthält, als dem oben angegebenen Gleichgewichtswert von 0,195 g CaO pro Liter Wasser (= 4,9 mMol) entspricht, praktisch gleich Null ist. Bei Verringerung der Konzentration an $Ca(OH)_2$ in der Lösung steigt auch die Löslichkeit der Kieselsäure rasch an und erreicht bei etwa 0,04 g CaO/Liter den Wert von 0,05 g SiO_2/Liter, was einem Mol-Verhältnis von fast 1 Ca:1 Si in der Lösung entspricht, wodurch die kongruente Löslichkeit des $Ca[H_2SiO_4]$ sehr wahrscheinlich wird.

A) *Verhalten gegen Säuren und gasfömiges CO_2:* Ganz besonders empfindlich ist das $Ca[H_2SiO_4]$ gegen Säuren. In diesen löst sich die mit Aceton ausgewaschene und getrocknete Substanz sehr leicht und ohne Abscheidung von Kieselsäure. Von wäßriger Kohlensäure wird sie unter Abscheidung von Kieselsäure und Bildung von löslichem Calciumbicarbonat zersetzt.

Auch gasförmiges Kohlendioxyd wirkt auf die feste Substanz unter Bildung von Calcit und Kieselsäure ein, aber nur bei Einwirkung feuchter Kohlensäure ist die Zersetzung vollständig. Trockenes CO_2 wirkt um so weniger, je weniger Wasser die Substanz enthält, wie aus der folgenden Tabelle hervorgeht:

Tabelle 5

Verhalten des $Ca[H_2SiO_4]$ gegen CO_2

Präparat	g CaO in der Einwaage	mg CaO als $CaCO_3$ ber. aus dem CO_2-Gehalt der im Vakuum gewichtskonstanten Substanz	% des CaO umgesetzt	
Lufttrocken	18,0	17,4	96,8	feuchtes CO_2
100°	26,55	25,5	96,2	
500°	30,9	26,1	87,1	
750°	29,12	26,05	89,5	
Lufttrocken	31,58	25,23	60,85	CO_2 mit $CaCl_2$ u. H_2SO_4 getrocknet
100°	49,18	11,98	24,3	
750°	26,38	1,78	6,76	

Die Aufnahme des CO_2 erreicht durchschnittlich in etwa 24 Stunden ihren Endwert. Die dabei primär aufgenommene Menge an CO_2 beträgt im allgemeinen ein Vielfaches — bis zum Zehnfachen — der in der Tabelle angegebenen Werte. Die Hauptmenge des aufgenommenen CO_2 ist aber nur sehr locker gebunden und wird schon beim Stehen bei gew. Druck, schneller im Vakuum der Wasserstrahlpumpe, wieder abgegeben. Gewichtskonstanz war stets in drei Stunden erreicht. Die so bestimmten Werte sind in Tabelle 5 angegeben.

B) *Verhalten gegen Metallsalzlösung:* Wie oben (siehe S. 9) angegeben, wird das $Ca[H_2SiO_4]$ durch gewisse Metallsalzlösungen weitgehend verändert. Über die Versuchsergebnisse mit $\frac{m}{20}$ $NiCl_2$- und $\frac{m}{20}$ $MgCl_2$-Lösungen gibt die folgende Tabelle Auskunft:

Tabelle 6

Einwirkung von $\frac{m}{20}$-Metallsalzlösungen auf $Ca[H_2SiO_4]$ bei Zimmertemperatur

Metallsalz	Dauer	Kationengehalt pro Mol SiO_2		Im Röntgendiagramm Linien von	
		Me^{-}	$Ca^{\cdot\cdot}$	$Ca[H_2SiO_4]$	Umsetzungsprod.
$NiCl_2$	2 Min.	0,44	0,60	++	
	10 „	0,65	0,43	+	
	15 „	0,73	0,46	+	+ } Garnierit
	30 „	1,12	0,00		++ } Garnierit
	4 Std.	1,23	0,00		++ } Garnierit
$MgCl_2$	10 Min.	0,20	0,69	++	
	24 Std.	0,72	0,28	+	
	8 Tage	0,70	0,22	+	+ Streese-Hofmann-Gel

Die Debyeaufnahmen der Umsetzungsprodukte bringt im Vergleich mit einer Aufnahme von Garnierit aus Caledonien und dem von STREESE u. HOFMANN[38] für ein Antigorit-Gel angegebenen Daten Tabelle 7.

Tabelle 7

Vergleich der Untersuchungsprodukte des $Ca[H_2SiO_4]$ mit einer Lösung von $NiCl_2$ und $MgCl_2$ mit Garnierit und Mg-Silikatgel

Garnierit Caledonien		Nickel Austausch		Magnesium Austausch		Antigoritgel von Streese u. Hofmann	
$\vartheta/2$	I	$\vartheta/2$	I	$\vartheta/2$	I	$\vartheta/2$	I
6,0	st			6,0	st	6,4	st
						9,8	m-s
11,0	std			11,2	std		
12,2	std	12,2	std			11,9	m-s
16,9	s	16,9 }	st	17,1	std	17,3	st
18,2	st						
21,5	sss	21,6 }	ssd	22,0	sssd		
26,7	sss			26,5	sss	26,3	sss
30,2	st	30,0	st	29,9	std	29,9	st
35,8	s	32,2	sss ?	35,9	sss ?	35,8	sss
50	sss					50,3	sss
						59,6	sss

C) *Verhalten bei der Entwässerung*: Wie oben (siehe S. 31) angegeben, enthält das über Silikagel bei gewöhnlichem Druck mehrere Wochen getrocknete $Ca[H_2SiO_4]$ rund 2 Mol Wasser. Um zu entscheiden, ob dieses als Kristall- oder Konstitutionswasser vorliegt, wurde noch acetonfeuchter Niederschlag nach dem Verfahren von BILTZ u. RAHLFS[5]) mit flüssigem Ammoniak behandelt. In den an NH_3 freien Rückständen wurde der Gehalt an Wasser als Gewichtsverlust beim Glühen bestimmt. Es ergaben sich an fünf Proben folgende Wassergehalte pro Mol CaO: 1,14; 1,01; 1,01; 0,97; 1,01, im Mittel also 1,03 Mol H_2O, ein Wert, der ein Beweis für die Annahme ist, daß das Wasser in $Ca[H_2SiO_4]$ nicht als Kristallwasser, sondern chemisch gebunden vorliegt, woraus sich die Konstitution:

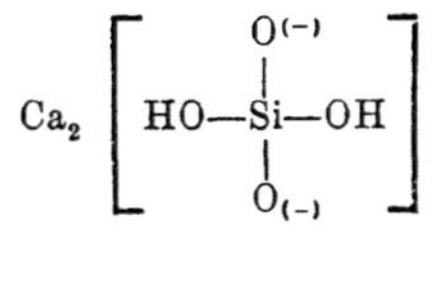

ergibt. Denselben Gehalt von einem Mol H_2O erreichen die gefällten und mit Aceton gewaschenen Präparate auch beim Trocknen über P_2O_5 bei 100° im Wasserstrahlvakuum. Von da ab nimmt der Wassergehalt der Präparate bis 750° linear mit der Temperatur ab. Ob sich auf der Entwässerungskurve bei normalem Druck bei 100° ein Knick zeigt, wurde nicht näher untersucht, weil die Gefahr der CO_2-Aufnahme bei diesen sich über viele Tage erstreckenden Versuchen sehr groß ist und die Resultate daher zu unsicher werden.

Bei 750° schrumpft die Substanz stark zusammen und geht dann in Wollastonit über. Bei schnellem Erhitzen auf mindestens 900° macht sich diese Umwandlung durch helles Aufglühen und damit verbundenes starkes Zusammenschrumpfen der Substanz bemerkbar. Bevor die Umwandlung des $Ca[H_2SiO_4]$ in Wollastonit stattfindet, tritt ein Zerfall des $Ca[H_2SiO_4]$-Gitters ein. Mit zunehmender Erhitzungstemperatur verschwinden auf den Debyeaufnahmen, bei etwa 300° beginnend, die Linien des $Ca[H_2SiO_4]$ (vgl. Tabelle 8).

Tabelle 8

Abhängigkeit des Röntgendiagramms des gefällten $Ca[H_2SiO_4]$ von der Erhitzungstemperatur, angegeben in $\vartheta/2$

120°	300°	400°	500°	600°	700°	750°	800°
	7,65 } std	7,8 } std		7,65 std			
						10,6 std	
11,5 std	11,7 } std	11,45 } std	11,25 std	11,8 std	11,6 std		
			12,0 sd			12,0 ss	11,9 sd
13,6 sd	13,4 sd	13,3 sss?	13	13,3 sss?			13,0 sd
							13,9 sd
14,7 st	14,65 st	14,7 st	15,0 st	14,75 st	14,95 st	15,0 st	14,6 ss
							15,4 sst
16,0 s	16,0 sss	15,95 sss?	15,95 sss?	16,2 ?	16,15 sss?		
							19,5 s
	20,5 } ssd	20,5 } sssd					20,0 s
21 } ssd			21,5 d?		21 } sss??	21,7 ss	20,9 sd
	22,6 } ssd	22,7 } sssd			23 } sss??		22,5 ss
23,3 } ssd							
24,8 s	24,6 s	25 ?	25 ?		25 ???		
							25,2 st
							25,7 sss
							26,4 sss
							27,0 st
27,6 sss	27,6 sss						
	29,9 sss						29,8 st
30,4 sss?							30,3 s
							31,6 s
33,3 sss?	33 sss??						33,0 ssd

Bei einer Temperatur zwischen 750 und 800° ist das ursprüngliche Gitter zerstört, die Substanz also weitgehend amorph und mit Erreichen einer Temperatur von 800° treten schlagartig die meisten Linien des Wollastonits auf (vgl. Tab. 11, S. 40), unabhängig davon, ob die Umwandlung langsam oder schnell und unter Aufglühen vor sich gegangen ist.

c) *Neutralisationsversuche an einem H-Atom im $Ca[H_2SiO_4]$*

Bei den Hydrolyseversuchen mit $CaNa_2[SiO_4]$ durch Wasser zum $Ca[H_2SiO_4]$ wurde (siehe S. 25) festgestellt, daß *ein* Na-Atom in Gegenwart von Wasser immer, und zwar irreversibel gegen Wasserstoff ausgetauscht wird. Die Hydrolyse des zweiten Na-Atoms hängt von der $Na^{\cdot}$- und OH'-Ionenkonzentration der flüssigen Phase ab, so daß bis 100° Bodenkörper erhalten werden, deren Natriumgehalte zwischen dem der Verbindungen $CaNa[HSiO_4]$

und $Ca[H_2SiO_4]$ liegen. Bei 180° ist bei Gegenwart von mindestens 1n-Natronlauge, deren Konzentration auch beliebig höher sein kann, nur das $CaNa[HSiO_4]$ in der eigenen Modifikation beständig.

Wenn ein echtes Gleichgewicht der Substanzen intermediärer Zusammensetzung (0—1 Na/Si) mit den Ionen der Lösung vorläge, dann müßten solche Substanzen auch von der Seite der als zweifach saures Monosilikat aufgefaßten Verbindung $Ca[H_2SiO_4]$ aus erreichbar sein. Zwei Möglichkeiten hierzu wurden näher untersucht:

d) Die Ausfällung des $Ca[H_2SiO_4]$ in stark alkalischem Medium

Sie wurde so vorgenommen, daß eine $Ca(OH)_2$-Lösung (gesättigt) zu einer Natriumsilikatlösung im Überschuß gegeben wurde. Es fällt beim p_H ca. 13 ein Niederschlag aus, der die äußere Beschaffenheit der $Ca[H_2SiO_4]$-Fällung in neutralem Medium hat, gut filtrierbar ist und auch im Röntgenbild fast völlige Übereinstimmung mit dem $Ca[H_2SiO_4]$ zeigt; nur einige neu auftretende oder verschwindende, sehr schwache Linien lassen Unterschiede gerade erkennen.

Eine Analyse der Fällung aus Lösungen ohne $Ca(OH)_2$-Zusatz ergab die Zusammensetzung:

$$1{,}02\ SiO_2 \cdot 1{,}0\,CaO \cdot 0{,}015\,Na_2O.$$

Die Analysen der alkalischen Fällungen dagegen zeigten bei Anwendung von 5 Mol $Na_2SiO_3/Ca(OH)_2$ zur Fällung:

$$1{,}0\,SiO_2 \cdot 0{,}76\,CaO \cdot 0{,}23\,Na_2O\,,$$

bei Anwendung von 15 Mol $Na_2SiO_3/Ca(OH)_2$ zur Fällung:

$$1{,}0\,SiO_2 \cdot 1{,}1\,CaO \cdot 0{,}39\,Na_2O.$$

In noch stärker alkalischem Medium ist der Kationengehalt der Fällung noch größer, wobei gleichzeitig die Menge an gebildetem Niederschlag abnimmt.

Auf eine bestimmte Verbindung kann aus der Analyse aber nicht geschlossen werden, weil bei der Aufarbeitung der Fällungsprodukte eine einheitliche Verbindung kaum mit Sicherheit zu isolieren ist.

Eine solche reine Substanz ist aber zu erhalten, wenn

e) $Ca[H_2SiO_4]$ mit Natriumalkoholat

in Reaktion gebracht wird.

Eine noch geringere Gleichgewichtskonzentration an H-Ionen als bei wäßriger Natronlauge ist in Natriumalkoholatlösungen vorhanden, da die Dissoziationskonstante des Alkohols noch einige Zehnerpotenzen niedriger liegt als die des Wassers (ca. 10^{-16}). Wenn Natriumäthylatlösungen verwendet werden, kann außerdem das Umsetzungsprodukt des $Ca[H_2SiO_4]$ mit Alkohol solange ausgewaschen werden, bis die Waschflüssigkeit neutral reagiert, ohne daß Gefahr besteht, eine chemische Bindung zu verändern, denn selbst das $CaNa_2[SiO_4]$ reagiert — wie sich durch besondere Versuche zeigte — mit wasserfreiem Alkohol nicht. Eine Alkoholyse findet also nicht statt.

Beim Behandeln von durch Fällung gewonnenem und über P_2O_5 in der Trockenpistole bei 100° bis zur Gewichtskonstanz getrocknetem $Ca[H_2SiO_4]$ mit einer gesättigten Lösung von Natriumäthylat in 96 proz. Äthanol bei Zimmertemperatur werden Präparate mit maximal 0,7 Atomen Na/Si erhalten. Dieses Natrium ist wahrscheinlich in Form von Natriumäthylat adsorbiert und läßt sich — allerdings nur langsam — durch Waschen mit Alkohol wieder entfernen. Die Röntgenaufnahmen der natriumhaltigen Produkte sind identisch mit denen der Ausgangssubstanz.

Kocht man aber das sorgfältig getrocknete $Ca[H_2SiO_4]$ mit einer gesättigten Lösung von Natriumäthylat in 96proz. Äthanol (bei 80°), dann verwandelt sich im Verlauf von etwa 2—3 Stunden der zunächst sehr feinteilige und leichte Bodenkörper in ein schweres, grobkörniges Pulver. Die so entstandene Substanz läßt sich mit reinem Äthanol leicht auswaschen. Eine große Zahl von Präparaten ergaben Werte für das Molverhältnis $CaO : \frac{1}{2}Na_2O : SiO_2 : H_2O$, die nahe bei 1:1:1:1 liegen, von denen die folgende Tabelle 9 eine Auswahl bringt.

Tabelle 9

Molare Zusammensetzung des Reaktionsproduktes des $Ca[H_2SiO_4]$ mit Natriumalkoholat bezogen auf $SiO_2 = 1$

CaO	$\frac{1}{2}Na_2O$	SiO_2	H_2O
1,04	0,93	1	1,10
1,00	1,11	1	1,09
0,93	1,19	1	
1,00	1,10	1	0,90
0,95	1,09	1	1,11

Die Röntgendiagramme erwiesen sich als identisch mit denen von durch Hydrolyse aus $CaNa_2[SiO_4]$ gebildeten $CaNa[HSiO_4]$, was beweist, daß durch das Kochen mit Alkoholat ein H-Atom des $Ca[H_2SiO_4]$ durch Natrium ersetzt worden ist und gleichzeitig als endgültiger Beweis für die Konstitution des $Ca[H_2SiO_4]$ zu werten ist. Die Bestimmung des Wassergehaltes der so hergestellten Produkte ergab Werte zwischen 0,90 und 1,15 Mol H_2O pro Atom Si, die also um etwa 0,5 Mol H_2O höher sind als der Formel $CaNa[HSiO_4]$ entspricht, was sich aber dadurch erklärt, daß, wie S. 30 gezeigt wurde, das reine $CaNa[HSiO_4]$ sehr leicht zusätzliches Wasser aufnimmt, ohne sein Röntgendiagramm dabei zu verändern. Dieses zusätzliche Wasser dürfte höchstwahrscheinlich aus dem Waschalkohol stammen.

Beim Glühen geht auch das über die Reaktion mit Alkoholat gewonnene $CaNa[HSiO_4]$ in das S. 37 beschriebene Disilikat $Ca_2Na_2[Si_2O_7]$ über.

f) Kondensationsreaktionen des $Ca[H_2SiO_4]$

Im Übersichtsteil wurden bereits die quantitativ verlaufenden Kondensationen des $Ca[H_2SiO_4]$ zu

A) *Wollastonit* $Ca_3[Si_3O_9]$ bei 750°,

B) *Xonotlit* $Ca_4[Si_4O_{11}(OH)_2]$ in Gegenwart von 0,3 Mol $Ca(OH)_2/Ca[H_2SiO_4]$ und Wasser bei 180° und die Bildung von

C) *Pseudowollastonit* bei 750° aus dem molekularen Gemenge von $CaCO_3 + SiO_2 \cdot aq$, in das das $Ca[H_2SiO_4]$ durch Einwirken von CO_2 übergeht,

beschrieben und es ist zu dem S. 10ff. Gesagten hier nichts weiter hinzuzufügen.

Auch die Bildung von

D) *Pektolith* $Ca_2Na[HSi_3O_9]$ bei 180° aus Fällungen, die analog dem $Ca[H_2SiO_4]$ — jedoch aus alkalischem Medium in Gegenwart von NaOH und einem Überschuß an $Na_2[H_2SiO_4]$ in Lösung — erhalten worden waren, sind aufgeführt worden.

Eigenschaften und weitere Bildungsweisen dieser vier Stoffe werden in den nächsten Abschnitten beschrieben.

5. Eigenschaften der Kondensationsprodukte

a) Das $Ca_2Na_2[Si_2O_7]$ entsteht, wie S. 8 beschrieben wurde, u. a. durch Erhitzen von $CaNa[HSiO_4]$ auf 350°.

Die Röntgenaufnahme ergibt ein einfaches Diagramm mit scharfen Linien:

Tabelle 10

Debyeogramm des $Ca_2Na_2[Si_2O_7]$

$\vartheta/2$	I	$\vartheta/2$	I
11,1	ss	24,9	st
12,0—7	ss(d)	26,7	sss
13,6	s	27,2	sss
14,8—9	ss	28,5	sss
16,35	st	29,0	ss
16,8	s	30,0	s
17,4	st	30,6	m
18,6	sss	34,0	ss
19,8	ss	34,8	sss
20,9	ss	41,5	ss
22,35	st	45,0	s

In Berührung mit Wasser erteilt es der flüssigen Phase eine alkalische Reaktion, die langsam bis auf einen p_H-Wert von 10—11 ansteigt. Gegen trockenes CO_2 ist es beständig, feuchtes CO_2 zersetzt das Disilikat langsam.

Das zweifach saure Disilikat, nämlich das $Ca_2[Si_2O_5(OH)_2]$, kann durch Hydrolyse des $Ca_2Na_2[Si_2O_7]$ mit Wasser nicht erhalten werden, auch andere Versuche zu seiner Herstellung führten nicht zum sauren Salz, sondern zur Rückbildung des Ausgangsproduktes $CaNa[HSiO_4]$.

Die Einwirkung saurer, neutraler oder alkalischer wäßriger Lösungen bis 100° und Reaktionen mit einem oder zwei Molen $KHSO_4$ bis 200° ergaben nur in einem Teil der Gesamtmenge eine Zerstörung des Disilikates. Die Einwirkung der Reagenzien geht nur langsam und unvollständig vor sich, z. B. werden bei 180° mit einem Mol $KHSO_4$ in 40 Stunden nur 5% des Disilikates zerstört, bei 2 Mol $KHSO_4$ (22 Stunden bei 250°) sind 22,3% zersetzt, der Rest ist unverändertes $Ca_2Na_2[Si_2O_7]$.

Bei 200° ist Wasserdampf ohne Einwirkung; 20prozentige Natronlauge im Autoklaven bei 200° spaltet, wie es für ein Disilikat zu erwarten ist, in Monosilikatanionen und ergibt nach der Gleichung:

$$Ca_2Na_2[Si_2O_7] + H_2O \rightarrow 2\,CaNa[HSiO_4]$$

mit quantitativer Ausbeute $CaNa[HSiO_4]$.

Um an dem $Ca_2Na_2[Si_2O_7]$, wenn möglich, doch eine Kationenhydrolyse zu erzwingen, wurden Versuche mit Wasserdampf bei höherer Temperatur angesetzt.

Je ein mMol $Ca_2Na_2[Si_2O_7]$ wurde mit einem mMol H_2O in einem zweiten Versuch mit 2 mMol H_2O in einem kleinen Rohr eingeschmolzen. Nach 100 Stunden Reaktionszeit bei 250° kondensierte sich bei dem Versuch 1:1 nach dem Abkühlen nur noch ein sehr geringer Teil Wasser im Rohr, bei dem Versuch 1:2 war noch reichlich Wasser übriggeblieben. Die Präparate wurden im Filtertiegel mit Wasser gewaschen, wobei das Waschwasser keine alkalische Reaktion zeigte. Die Röntgenaufnahme ließ in beiden Fällen klar erkennen, daß keine Kationen-, sondern eine Anionenhydrolyse eingetreten war, und zwar unter Bildung von ausschließlich $CaNa[HSiO_4]$. Neben dem sauren Orthosilikat war bei beiden Produkten noch unverändertes Disilikat vorhanden, und zwar, nach der Linienintensität beurteilt, zu etwa $^1/_3$ im Gemisch.

Beim Disilikat ist also eine recht beträchtliche Stabilität der Kationen gegen Hydrolyse festzustellen, so daß mit den angewandten Mitteln kein Austausch von Alkali gegen Wasserstoff möglich war. Infolgedessen konnte auch ein beabsichtigter schrittweiser Aufbau von Ca-Salzen mit Kettenanionen aus mehr als 2 $[SiO_4]$-Tetraedern in definierter und übersichtlicher Reaktion auf diesem Wege nicht bewerkstelligt werden. Andere Wege zu diesem Ziel sollen später untersucht werden.

b) Der Wollastonit = $\beta-Ca_3[Si_3O_9]$

Das Ringanion des Wollastonits ist besonders stabil. Dies geht hervor

1. aus dem starken thermischen Effekt bei seiner Bildung durch Kondensation von drei Molekülen $Ca[H_2SiO_4]$ bei 700°,
2. aus der bevorzugten Bildung seines Anions, wie es aus dem quantitativen Übergang des Xonotlits in Wollastonit beim Erhitzen auf 700° hervorgeht, dessen viergliedriges Kettenanion die Entstehung des Dreier-Ringes nicht ohne weiteres voraussehen ließ; und aus der relativ leichten hydrothermalen Bildung des Pektoliths, der das gleiche Anion enthält,
3. aus der großen chemischen Widerstandsfähigkeit, die der Wollastonit zeigt. Sein Anion ist weder mit 20prozentiger Natronlauge bis 230° im Autoklaven zu spalten, noch reagiert es mit Wasser bis 230° oder verdünnter Säure bei Zimmertemperatur.

Erst bei 650° wird der Wollastonit durch Alkali bei Reaktion im festen Zustande (bei 650° ist die Umsetzung in 60 Stunden quantitativ) unter Aufsprengung des Ringanions angegriffen. Hierbei ließ sich das vermutlich zunächst entstehende Primärprodukt mit dreigliedrigem Kettenanion

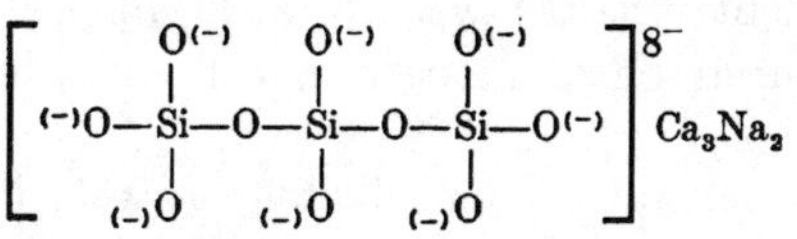

bisher nicht nachweisen. Vielmehr bildet sich gemäß der Gleichung:

$$3Ca_3[Si_3O_9] + 3Na_2CO_3 \rightarrow 2Ca_2Na_2Si_3O_9 + 2Ca_2[SiO_4] + CaNa_2[SiO_4] + 3CO_2$$

ein Gemenge aus $CaNa_2[SiO_4]$, $Ca_2[SiO_4]$ und der Verbindung $Ca_2Na_2[Si_3O_9]$, die unten (S. 46ff.) näher beschrieben wird.

Die Versuche, durch Behandeln des erhaltenen, zunächst nicht im einzelnen definierbaren Produktes mit Wasser von verschiedenem p_H-Wert Aufschluß über seine Zusammensetzung zu erhalten, lieferten zunächst kein eindeutiges Resultat. Es hydrolysiert nicht nur das Natrium unvollständig, sondern es geht auch $Ca(OH)_2$ und etwas Kieselsäure in Lösung.

Wird die Hydrolysenlösung — auf 0,5 g Substanz 50 g H_2O — bei 100° und Rühren durch Zugabe von n/10 HCl beim p_H 5—6 gehalten (Methylrot), so gehen — ohne daß ein eindeutiger Endpunkt erkennbar wird — in Lösung:

27% SiO_2, etwa 50% vom Na und 25—30% vom Ca.

In 5prozentiger HCl — in schwachem Überschuß angewandt — sind löslich:

31,9% des SiO_2, 93% des Na_2O und 92% des CaO.

Bei 2stündiger Behandlung bei 20° — unter Rühren und CO_2-Ausschluß — mit der 100fachen Menge Wasser gehen in Lösung:

6% der Einwaage im Molverhältnis:

$$0{,}4\,SiO_2 \cdot 1{,}0\,CaO \cdot 1{,}1\,Na_2O,$$

bei 8tägiger Einwirkung unter gleichen Bedingungen:

20% der Einwaage im Molverhältnis:

$$0{,}2\,SiO_2 \cdot 1{,}0\,CaO \cdot 1{,}3\,Na_2O,$$

bei 8tägiger Einwirkung der 200fachen Menge H_2O bei 20°:

26,6% der Einwaage im Molverhältnis:

$$1{,}0\,SiO_2 \cdot 0{,}2\,CaO \cdot 1{,}1\,Na_2O,$$

Rückstand: $3{,}0\,SiO_2 \cdot 4{,}0\,CaO \cdot 1{,}6\,Na_2O$.

Als Rückstand bei den Versuchen mit Wasser — also am langsamsten hydrolysierbar — blieb röntgenographisch nachweisbar nur die weiter unten als Dinatrium-Pseudo-Wollastonit beschriebene Verbindung $Ca_2Na_2Si_3O_9$ mit verschiedenen großen Mengen an amorpher Substanz zurück. Verschwunden waren dabei im Vergleich mit der Aufnahme der unbehandelten Substanz die Linien des $CaNa_2[SiO_4]$ und einige schwächere Linien, die den drei bekannten Dicalciumsilikatmodifikationen zukommen können.

Nach den in Lösung gegangenen Mengen an Kationen und Kieselsäure ist — unter Zuhilfenahme der Röntgenaufnahmen — der oben durch die Reaktionsgleichung angegebene Verlauf der Umsetzung anzunehmen.

Die Ansätze mit 3 Mol Soda pro Mol Wollastonit liefern dagegen ein einheitliches Produkt, und zwar die Verbindung $CaNa_2[SiO_4]$, deren Reaktionen S. 21ff. beschrieben wurden; mit 3 Mol K_2CO_3 bildet sich ganz analog das mit dem $CaNa_2[SiO_4]$ isomorphe $CaK_2[SiO_4]$.

Dieselben Produkte werden erhalten, wenn an Stelle des Wollastonits Pseudowollastonit verwendet wird.

Der aus dem $Ca[H_2SiO_4]$ in quantitativer Reaktion (siehe S. 34) entstehende synthetische Wollastonit hat folgendes Röntgendiagramm (s. S. 40), das mit dem eines natürlichen Wollastonits übereinstimmt.

c) Der Xonotlit

Der Xonotlit $Ca_4[H_2Si_4O_{13}]$ entsteht

1. in alkalischem Medium in Gegenwart von $Ca^{\cdot\cdot}$-Ionen aus dem $Ca[H_2SiO_4]$ (siehe S. 10) und
2. aus dem S. 46f. beschriebenen Dinatriumpseudowollastonit, wenn 1 Mol $Ca(OH)_2$ auf 1 Mol $Ca_2Na_2Si_3O_9$ im Autoklaven bei 180° erhitzt wird.

Aus den erhaltenen Produkten ist der Überschuß an $Ca(OH)_2$ mit Acetessigesterisobutanol zu entfernen. Die Analyse ergab nach Darstellungsmethode 2:

$$1{,}01\,CaO \cdot 1{,}0\,SiO_2 \cdot 0{,}28\,H_2O,$$

Daß das Produkt einheitlich ist und ihm konstitutionsmäßig nur $0{,}25\,H_2O/Si$ angehören, ergibt sich aus dem Verlauf der Entwässerungskurve.

Diese zeigt einen Haltepunkt bei 450—500°, oberhalb dessen bei Temperaturerhöhung das Konstitutionswasser mit zunehmender Geschwindigkeit abgegeben wird. Bis zum Haltepunkt entweicht offenbar adsorptiv gebundenes Wasser. Das oberhalb 500° abgegebene Wasser entspricht 0,25 Mol H_2O pro Atom Si.

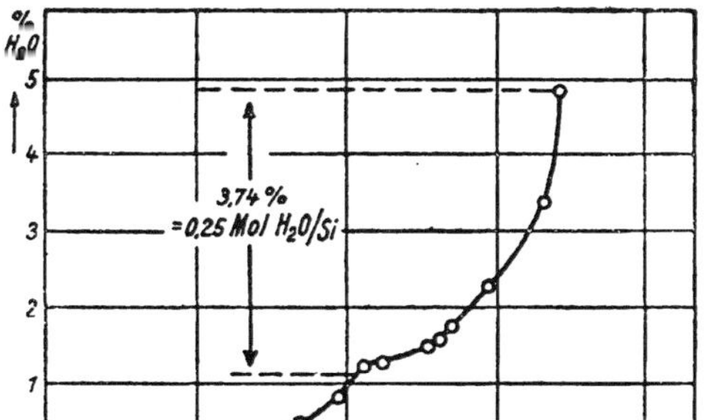

Abb. 3. Der Entwässerungsverlauf des synthetischen Xonotlits.

Tabelle 11

Vergleich der Debyeogramme von Wollastonit nach den Angaben von O'DANIEL u. TSCHEISCHWILI [44]) mit einem aus $Ca[H_2SiO_4]$ hergestellten Präparat

β-Wollastonit O'Daniel und Tscheischwili			β-Wollastonit aus $Ca[H_2SiO_4]$	
hkl	$\vartheta/2$	I	$\vartheta/2$	I
400	11,57	st	11,9	ss
002	12,68	st	13,0	s
311	13,48	st	13,7	st
202	14,48	ms	14,7	s
320	14,98	sst	15,2	sst
212	15,78	s		
321	16,53	s	16,2—7	sd
412	17,58	ms	17,3	sss
402	18,08	m	17,9	sss
			18,4	s
003	19,15	mst	19,3	s
131	19,63	mst	19,8	s
231	20,68	mst	20,8	m
$\bar{5}22$	22,45	ss	22,5	s
	22,85	ss		
800	23,65	sss		
$\bar{7}21$	24,65	sss		
040	24,9	ms	25,1	m
240	25,4	sss	25,7	sss
630	26,01	m	26,3	sss
$\bar{1}14$	26,65	st	26,8	m
242	28,67	mst	28,8	m
$\bar{6}04$	30,17	m verw.	30,2	sd
324	31,33	mst	31,5	m
$\bar{9}22$	31,93	mst		
250	32,58	sss	32,9	ss
$\bar{1}15$	33,65	sss		
	34,48	mst	34,6	m
	35,05	s		
	37,45	s verw.		
	38,4	s		
	39,35	m	39,6	sss
			40,2	ss
	41,07	m	41,0	s
	42,37	m verw.	42,5	sss
	44,01	m verw.	44,0	m
	44,73	m	44,7	s
	47,21	ms verw.	47,2	s
	48,07	ms verw.	48,2	s
	51,1	m		
	52,15	ms		

Nach Abgabe des gesamten Wassergehaltes bei 700° zeigt die Röntgenaufnahme des Erhitzungsproduktes bei allerdings stärkerer Allgemeinschwärzung des Filmes ausschließlich die Linien des Wollastonits. Die Aufnahme zeigt die normale Helligkeit und ein scharfes Diagramm des Wollastonits, wenn die Substanz einige Stunden bei 1000° erhitzt wird; bei 700° und kurzer Glühdauer enthält sie also noch röntgenamorphe Substanz, die erst bei 1000° Wollastonit liefert.

Nach beiden Methoden hergestellte Präparate von Xonotlit geben scharfe, unter sich gleiche, gut ausgebildete Röntgendiagramme, deren Linienlagen mit denen von W. JANDER u. FRANKE[7]) angegebenen befriedigend übereinstimmen.

Tabelle 12

Vergleich der Debyeogramme von synthetischem Xonotlit nach W. JANDER u. FRANKE[7]) und eines aus $Ca[H_2SiO_3]$ hergestellten Präparates

$Ca_4[Si_4O_{11}(OH)_2]$ Xonotlit		$Ca_4[Si_4O_{11}(OH)_2]$ W. JANDER u. FRANKE	
$\vartheta/2$	I	$\vartheta/2$	I
10,6	s	10,4	m
12,4	m	12,2	st
13,3	sss	13,4	s
14,2	st	14,45	sst
14,7	sst		
		15,65	st
16,0	m		
16,8	m	16,85	m
18,2	s	17,9	m
19,4	s	19,0	ss
20,2	ss	20,0	ss
21,0	s		
22,4	sst	22,1	st
23,4	sst	23,2	sst
25,0	st	24,65	st
26,0	sss	26,0	sss
27,0	m	26,7	m
		28,0	s
29,0	ss	29,0	s
30,6	m	30,4	m
32,6	ss	32,4	ss
33,8	s	33,5	ss
35,5	sss	35,3	s
		36,3	s
		37,95	sss
39,0	md	39,0	s
		41,5	sss
44,0	md	43,9	ss
		45,5	ss
		48,0	sss

Der Xonotlit ist im Gegensatz zum $Ca[H_2SiO_4]$ beständig gegen CO_2. Bei der Behandlung mit 20prozentiger Natronlauge bei 180° geht er quantitativ in $CaNa[HSiO_4]$ über.

d) Der Pseudowollastonit = α-Wollastonit

A) *Die Darstellung des Pseudowollastonits:* Vom Pseudowollastonit ist bekannt, daß er durch Erhitzen des Wollastonits $Ca_3[Si_3O_9]$ auf mehr als 1150—1190° erhältlich ist. HILD u. TRÖMEL[8]) beobachteten seine primäre Bildung auch bei Temperaturen im Existenzgebiet des Wollastonits, also unterhalb 1150°, wenn sie feinteiliges SiO_2 aq mit $CaCO_3$ zur Reaktion brachten.

Auch im Zusammenhang mit den hier beschriebenen Untersuchungen wurde der Pseudowollastonit oft unterhalb seines allgemein angenommenen Stabilitätsgebietes 1190—1540°

erhalten, und zwar bei 1000° bei folgenden Umsetzungen:

1. $SiO_2 \cdot aq$ (aus $SiCl_4$) $+ \beta\text{-}Ca_2SiO_4 \rightarrow$ Pseudowollastonit,
2. $SiO_2 \cdot aq$ (aus $SiCl_4$) $+ \gamma\text{-}Ca_2SiO_4 \rightarrow$ Pseudowollastonit,
3. $SiO_2 \cdot aq$ (20 min 1000°) $+ \gamma\text{-}Ca_2SiO_4 \rightarrow$ Pseudowollastonit,
4. $SiO_2 \cdot aq$ (aus $SiCl_4$) $+ CaCO_3 \rightarrow$ Pseudowollastonit,
5. SiO_2 (Quarz) $+ \gamma\text{-}Ca_2SiO_4 \rightarrow$ Pseudowollastonit und Wollastonit.

Im Übersichtsteil (S. 11) wurde schon angegeben, daß Pseudowollastonit jedesmal dann entsteht, wenn $CaCO_3$ und SiO_2 in molekular feiner Verteilung reagieren, z. B. aus dem nach der Gleichung:

$$Ca[H_2SiO_4] \cdot aq + CO_2 \rightarrow CaCO_3 + SiO_2 \cdot aq$$

durch Reaktion von $Ca[H_2SiO_4]$ mit Kohlendioxyd leicht erhältlichen Gemenge von Calcit und Kieselsäure. In diesem Falle beträgt die Temperatur, bei der Pseudowollastonit entsteht, sogar nur etwa 750°.

Es gelang bisher nicht, Pseudowollastonit durch Tempern unterhalb 1190° rückwärts in Wollastonit überzuführen. Daß trotzdem in der Natur nur Wollastonit gefunden wird, läßt sich durch geringe Widerstandsfähigkeit des Pseudowollastonits gegenüber chemischen Einflüssen erklären, von denen anschließend berichtet wird.

B) *Das Verhalten des Pseudowollastonits gegen Alkali:* In alkalischem Medium ist Pseudowollastonit genau wie die anderen untersuchten Calciumsilikate mit Kettenanion instabil. Sie werden zu solchen mit Anionen kleinerer Gliederzahl abgebaut.

Mit starkem Alkali — und zwar mit 20prozentiger Natronlauge bei 180° — spaltet Pseudowollastonit innerhalb von 8 Stunden quantitativ in saures Monosilikat $CaNa[HSiO_4]$. Mit unzureichender Menge NaOH in verdünnterer Lösung (0,3 Mol NaOH pro Mol $CaSiO_3$ in 8prozentiger Lösung) findet die gleiche Umsetzung als Oberflächenreaktion an den Pseudowollastonitkristallen unvollständig statt.

Mit mittelstarkem Alkali. Es wurde Sodalösung mit Pseudowollastonit zur Reaktion gebracht. Mit der 40fachen Gewichtsmenge Wasser und 2 Mol Na_2CO_3 pro Mol $\alpha\text{-}CaSiO_3$ wird im Autoklaven in 20 Stunden der Pseudowollastonit vollständig zersetzt. Es entsteht neben Calcit ein Gemenge verschiedener Stoffe, in dem durch die Röntgenaufnahme nur Wollastonit sicher nachweisbar ist:

Tabelle 13

Röntgendiagramm des bei 180° nach 20stündiger Einwirkung von Sodalösung auf Pseudowollastonit entstandenen Produktes. (W = Wollastonit; C = Calcit; unbezeichnete Linien nicht zuzuordnen

$\vartheta/2$	I		$\vartheta/2$	I	
11,7	ss	W	26,0	m	
13,0	ss	W	26,9	m	W
13,7	s	W	28,8	s	W, C
14,8	st	C	29,9	ss	
15,5	m	C	30,3	ss	
16,5	s		31,6	s	W
17,5	ss		34,5	sd	W
19,7	m	W	36,5	ss	
20,8	s	W	41,0	ss	W
21,8	s	C	42,5	ss	W
23,9	s	C	44,0	sd	W
24,4	ss		47,4	s	

Die Einwirkung von $Ca(OH)_2$ auf Pseudowollastonit wurde im Mol-Verhältnis 1:1 mit der 40fachen Gewichtsmenge Wasser — bezogen auf $CaSiO_3$ — untersucht. Nach 8 Stunden bei 200° oder 40 Stunden bei 100° ist kein Pseudowollastonit mehr vorhanden. Nach Entfernen des $Ca(OH)_2$ mit Acetessigester–Isobutanol-Gemisch zeigt die Debyeaufnahme eindeutig die Linien des Wollastonits und daneben einige andere, die nicht sicher untergebracht werden können. Dieser Befund wurde zweimal erhalten. Bei einem dritten Versuch unter gleichen äußeren Bedingungen, aber mit Ausgangsmaterial anderer Herstellung, blieb der Pseudowollastonit überwiegend unverändert.

Tabelle 14. Vergleich der Debyeogramme von Wollastonit nach O'DANIEL u. TSCHEISCHWILI[44]) und dem eines aus Pseudowollastonit und Kalkwasser entstandenen Produktes und eines synthetischen Pseudowollastonits

β-Wollastonit O'DANIEL u. TSCHEISCHWILI		β-Wollastonit aus Pseudowollastonit mit $Ca(OH)_2$ (s. Text S. 42)		α-Wollastonit = Pseudowollastonit aus $CaCO_3 + SiO_2 \cdot aq$ (s. S. 42 Nr. 4)	
ϑ/2	I	ϑ/2	I	ϑ/2	I
11,57	st	12,0	ss		
12,68	st			12,7	ss
13,48	st	13,1	ss	13,4	ss
		13,9	s	14,0	st
14,48	ms				
14,92	sst	15,3	st		
15,78	s	16,0	s	16,1	st
16,53	s	16,6	ss		
17,58	ms				
18,08	m	18,0	s		
		18,5	s	18,6	m
19,15	mst				
19,63	mst	19,5	s		
		20,0	s		
20,68	mst	21,0	m	20,8	m
22,45	ss	22,0	sss		
22,85	ss	22,9	sd	23,1	sst
23,65	sss				
24,65	sss	24,1	s		
24,9	ms			25,0	m
25,4	sss				
26,01	m				
26,65	st	26,4	s		
		27,0	st	27,1	ss
				27,4	ss
				28,2	sss
28,67	mst	28,9	m	28,7	s
30,17	m verw.	30,4	md	30,3	sd
31,33	mst	31,6	ss	31,6	m
31,93	mst	32,2	s		
32,58	sss			32,5	ss
33,65	sss			33,6	sd
34,48	mst	34,7	m		
35,05	s	35,4	sss		
				36,5	s
37,45	s verw.				
38,4	s			38,0	sss
				39,0	s
39,35	m	39,7	m	39,8	ss
				40,4	ss
41,07	m	41,1	m		
42,37	m verw.	42,6	s	42,4	s
44,01	m verw.	44,1	m	44,1	s
44,73	m	44,8	s		
47,21	ms verw.				
				47,8	s
48,07	ms verw.			49,3	s
51,1	m				
52,15	ms				
				52,8	s
				54,8	s

Der Pseudowollastonit wird durch Wasser von 200° in drei Tagen nur unerheblich angegriffen. Auch gegen CO_2 ist er beständig, wird aber durch verdünnte Salzsäure bei einem p_H von 3—4 in der Wärme unter partieller Ausscheidung von $SiO_2 \cdot aq$ gelöst.

Dagegen ist der Wollastonit allen diesen Medien und besonders den alkalischen gegenüber, vollkommen widerstandsfähig.

C) *Die Konstitution des Pseudowollastonits:* Die schon S. 11 kurz angeführte Bestimmung des Molvolumens vom Pseudowollastonit, die neben den chemischen Befunden ein weiteres Argument für die bisher unbekannte Struktur des Pseudowollastonits als Silikat mit Kettenanion $(SiO_3)_xCa_x$ und der Strukturformel:

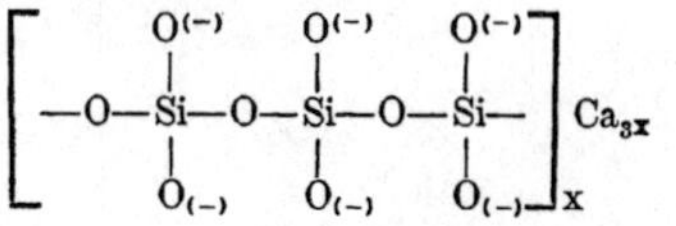

liefert, wird S. 51, nach der Beschreibung von Pektolith und Dinatriumpseudowollastonit, besprochen.

Nach diesen Feststellungen ist der Pseudowollastonit in bezug auf die Anionengröße das Endglied der hier untersuchten und betrachteten Reihe von Calciumsilikaten. Bei den Konstitutionsvorschlägen (siehe S. 16ff.) für die natürlichen Calciumhydrosilikate kann der Pseudowollastonit als ihre Muttersubstanz gedacht werden, aus der durch langsame Hydrolyse die Entstehung aller aufgeführten Verbindungen ohne Schwierigkeiten denkbar ist. Je nach den äußeren Bedingungen, Temperatur, p_H der Lösung, Kationenkonzentration, Dauer der Einwirkung usw. kann die eine oder die andere der genannten Substanzen aus ihm entstanden sein.

6. Pektolith $Ca_2Na[HSi_3O_9]$ und Dinatriumpseudowollastonit $(Ca_2Na_2Si_3O_9)_x$

Während die bisher beschriebenen Hydrosilikate hier zum ersten Male als „saure" Silikate formuliert werden, ist beim Pektolith $Ca_2Na[HSi_3O_9]$ das H-Atom schon seit der Entdeckung, seiner Isotypie mit dem Wollastonit auf röntgenographischem Wege durch WYKOFF, MERWIN u. WASHINGTON[11]) sowie WARREN u. BISCOE[10]) in einer OH-Gruppe am Silicium haftend angenommen worden. Seine Beziehungen zu den anderen hier besprochenen Hydrosilikaten schienen uns daher ganz besonders der Untersuchung wert (THILO u. FUNK[45])).

Hierfür stand ein rein weißer, feinfaseriger Pektolith aus Patterson, N. J., zur Verfügung. Seine Zusammensetzung war nach dem Trocknen im Exsiccator folgende:

Bestandteil	Gew.-%	Molverhältnis	
SiO_2	51,55	3,00	3,00
CaO	31,70	1,97	2,05
MnO	1,48	0,07	
MgO	0,08	0,01	
Na_2O	9,70	1,09	1,09
K_2O	0,02	0,001	
H_2O	5,80	1,12	1,12
	100,33		

Sie zeigt — bis auf den Wassergehalt — nur geringfügige Abweichung von der theoretischen Formel $Ca_2Na[HSi_3O_9]$. Von dem überschüssigen Wassergehalt, der nicht nur adsorbiert ist, wird am Schluß des Kapitels noch eingehend zu sprechen sein.

a) Verhalten von Pektolith beim Erhitzen

Beim Erhitzen gibt der Pektolith nach und nach seinen Gehalt an Wasser ab. Der Verlauf dieser Entwässerung hängt davon ab, unter welchen Bedingungen sie vorgenommen wird. An normaler Zimmeratmosphäre nimmt die Wasserabgabe des lufttrockenen Pektoliths, der 6,20% H_2O enthält, bis zu etwa 650° fast linear mit der Temperatur zu und steigt dann rasch an.

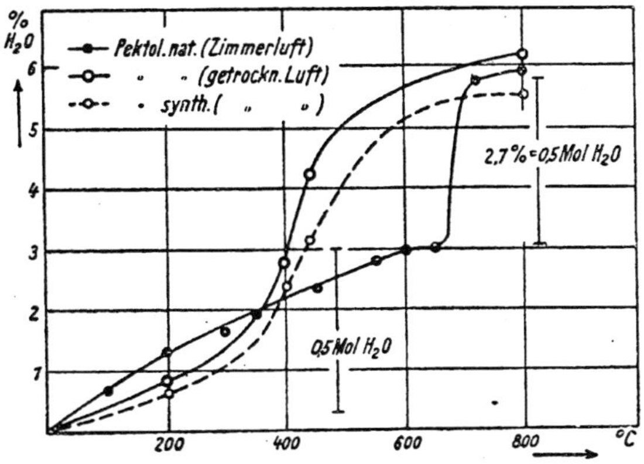

Abb. 4. Der Entwässerungsverlauf des natürlichen Pektoliths an trockener und feuchter Luft

Das oberhalb des Knickpunktes — von etwa 650° an — abgegebene Wasser liegt sehr nahe bei 0,5 Mol H_2O. Es handelt sich hierbei um das Konstitutionswasser, dessen theoretischer Wert 2,7% = 0,5 Mol H_2O pro Mol $Ca_2Na[HSi_3O_9]$ beträgt.

In einem Strom getrockneter Luft wird dagegen bis etwa 400° zunächst langsam, dann zunehmend schneller das nicht chemisch gebundene Wasser abgegeben. Bei dieser Temperatur und einem Restgehalt von 2,7% Wasser hat die Kurve einen Wendepunkt, von dem ab das Konstitutionswasser entweicht.

Tagelang bei 450° an normaler Atmosphäre getrockneter Pektolith war bei einem Gewichtsverlust von 2,3% in seiner Struktur — wie Debyeaufnahmen zeigten — gegenüber dem Ausgangsmaterial völlig unverändert; bei 590° läßt sich im Verlaufe von 8 Tagen der Wassergehalt bis auf einen Rest von 2,7% (= 0,5 Mol) entfernen, wobei aber das Gitter, wie Röntgenaufnahmen zeigen, stark in Mitleidenschaft gezogen wird. Die Röntgeninterferenzen sind sehr schwach und diffus geworden.

Bei der röntgenographischen Untersuchung des bei 800° hergestellten Entwässerungsproduktes ergab sich, daß drei neue Phasen auftreten. Es sind dies erstens Wollastonit, zweitens die schon bekannte Verbindung der Zusammensetzung $Ca_2Na_2Si_3O_9$ (Dinatriumpseudowollastonit), die schon erwähnt wurde und auf die weiter unten (S. 46 u. 49) näher eingegangen wird und drittens eine amorphe Substanz, die sich durch einen Halo bei $\vartheta/2 = 11{,}0$ auf dem Debyediagramm als SiO_2 zu erkennen gibt, das aber schon zu kristallisieren beginnt, denn es sind außerdem die stärksten Linien des Cristobalits zwar schwach, aber gerade erkennbar vorhanden. Bis in das Temperaturgebiet von etwa 900°, oberhalb dessen Sinterung bzw. Schmelzen zu einem nur sehr schwer kristallisierenden Glas eintritt, verläuft daher die Entwässerung gemäß der Gleichung

$$2\,Ca_2Na[HSi_3O_9] \rightarrow H_2O + Ca_2Na_2Si_3O_9 + \tfrac{2}{3}\,Ca_3[Si_3O_9] + SiO_2.$$

Diese beim Entwässern des Pektoliths beobachteten Phasen stehen mit den Befunden von BELJANKIN u. IWANOWA[21]) insofern in Übereinstimmung, als auch sie neben einer glasigen Phase Wollastonit optisch nachgewiesen haben. Ihre glasige Phase wird wahrscheinlich das SiO_2 gelöst enthalten haben, da die Entwässerung bei 1000° vorgenommen wurde, einer Temperatur, bei der das $Ca_2Na_2Si_3O_9$ schon zu schmelzen beginnt. SSERDJUTSCHENKO[22]) findet an einem kaukasischen Pektolith bei 700—730° einen endothermen Haltepunkt beim Erhitzen.

b) Verhalten von Pektolith gegen Wasser und saure und alkalische Lösungen

Wird Pektolith mit Wasser behandelt, so reagiert die Lösung nach kurzer Zeit alkalisch, wobei sich in der wäßrigen Phase der p_H-Wert auf 9,5 einstellt[1]. Es findet also zumindest oberflächliche Hydrolyse statt.

Der Versuch, diese Hydrolyse durch so vorsichtige Zugabe von n/10 HCl, daß das p_H niemals unter 7 sinkt, bis zu einem Ersatz der Na-Ionen durch Wasserstoff zu treiben, mißlingt. Mit dem Austausch der Na-Ionen tritt sofort eine vollständige Zerstörung der Gesamtstruktur ein. Bei Verwendung einer HCl-Menge, die zum vollständigen Umsatz nicht ausreicht, bleibt unveränderter Pektolith zurück.

Alkalische Lösungen, wie kochende 10proz. Natronlauge, greifen den Pektolith nicht an; auch 20proz. Natronlauge ist selbst bei 200° im Autoklaven — wie beim Wollastonit — ohne Einwirkung, ein Ersatz der H-Atome der „sauren" OH-Gruppen durch Natrium ist daher auf diesem Wege nicht möglich.

c) Bildung von $Ca_2Na_2Si_3O_9$ durch Reaktion im festen Zustand beim Erhitzen des Pektoliths mit Soda und Hydrolyseversuche damit

Erhitzt man den Pektolith mit 0,5 Mol wasserfreier Soda pro Mol Pektolith, so setzt, bei 500° beginnend, eine Reaktion ein, bei der unter gleichzeitiger Abgabe von CO_2 aus der Soda und Wasser aus dem Pektolith ausschließlich die schon oben genannte Verbindung $Ca_2Na_2Si_3O_9$ entsteht. Auch diese Verbindung hydrolysiert mit Wasser, in diesem Falle hat aber die Lösung einen p_H-Wert von etwa 12—13 gegenüber der des Pektoliths mit einem $p_H = 9{,}5$. Diese p_H-Erhöhung ist verständlich, denn es ist bei der Bildung dieser einheitlichen Verbindung — zumindest formal — das sicher sehr schwach saure H-Atom der im Pektolith an Silicium gebundenen OH-Gruppe durch Natrium ersetzt worden.

Wenn es sich bei dieser Verbindung um den „neutralisierten" Pektolith handeln würde, dann wäre zu erwarten, daß sich das neu hinzukommende Natriumion unter Rückbildung des ursprünglichen Pektoliths leicht heraushydrolysieren lassen müßte.

Hydrolyseversuche bei einem $p_H = 7$ zeigten aber, daß mit der Abgabe der $Na^{\cdot}$-Ionen gleichzeitig auch $Ca^{\cdot\cdot}$-Ionen in Lösung gehen und die Substanz völlig zersetzt wird. Aber auch bei einem p_H zwischen 13 und 9,7 tritt nicht die erwünschte Reaktion ein, die Substanz bleibt unverändert.

Auch andere Versuche zur Abspaltung des zweiten Na-Ions aus dem Dinatriumpseudowollastonit $Ca_2Na_2Si_3O_9$, die bei den vorher beschriebenen Versuchen mit $CaNa_2[SiO_4]$ oder $CaNa[HSiO_4]$ zum Ziel führten, waren beim $Ca_2Na_2Si_3O_9$ ohne Erfolg, z. B. die Erhitzung mit einer äquivalenten Menge von $KHSO_4$ im trockenen Zustand oder die Behandlung mit genau einem Mol H_2O bei 200°; sie bewirkten nur Zerstörung eines Teiles der Substanz, der Rest blieb unverändert. Diese und die S. 46 zu beschreibenden weiteren Versuche mit der Verbindung $Ca_2Na_2Si_3O_9$ führen zu dem eindeutigen Schluß, daß sie konstitutionell mit dem Wollastonit oder Pektolith nichts mehr zu tun hat, sondern an Stelle der ringförmigen $[Si_3O_9]^{6-}$- bzw. $[Si_3O_8OH]^{5-}$-Anionen lange Kettenanionen (siehe S. 44) der Zusammensetzung $(SiO_3)_x^{2-}$ wie der Pseudowollastonit enthält. Bei der Reaktion des Pektoliths mit

[1] SSERDJUTSCHENKO findet bei seinem Material einen p_H-Wert von 10.

Soda bei 500° ist danach mit dem Ersatz der „sauren" H-Atome durch Na-Ionen gleichzeitig eine Umwandlung der Anionenringe zur Anionenkette erfolgt. Da somit eine Synthese des Pektoliths durch Substitutionsreaktionen als undurchführbar erscheint, wurde versucht, seine Synthese unter hydrothermalen Bedingungen durchzuführen.

d) Synthese des Pektoliths und seine Identifizierung

Wie die unten S. 50 beschriebene Untersuchung der Hydrolysenprodukte des $Ca_2Na_2Si_3O_9$ ergab, ist das Hauptprodukt der sich dabei bildenden Substanzen die Verbindung $Ca[H_2SiO_4]$, neben Natriumsilikat, das in Lösung geht. Dieses Calciumdihydrogenmonosilikat geht, wie oben (S. 34) gezeigt, beim Erhitzen auf mindestens 750° quantitativ in Wollastonit über. Fällt man aber, wie S. 35 beschrieben, eine $Na_2H_2SiO_4 \cdot 8\,H_2O$-Lösung mit Kalkwasser und erhitzt die Fällung in der alkalischen Mutterlauge, so tritt zwar bei 100° noch keine erkennbare Veränderung ein, im Autoklaven bei 200° erhitzt, geht die feinkristalline Fällung aber im Verlauf von etwa 20 Stunden vollständig in doppelbrechende Nadeln über, die sich röntgenographisch einwandfrei als Pektolith identifizieren lassen.

Diesem Befund zufolge kann sich der Pektolith nur bei einer Temperatur von etwa 200° oder höher und in stark alkalischem Milieu bilden. Dementsprechend gelingt dann auch seine Herstellung aus der Verbindung $Ca_2Na_2Si_3O_9$ bei 200° im Autoklaven nur bei Gegenwart von *geringen* Mengen Wasser. Es darf nur im Gewichtsverhältnis von 1:5 bis maximal 1:20 vorhanden sein; zu kleine Mengen Wasser führen nicht zum Ziel, wie ein Versuch mit 1 Mol H_2O pro 1 Mol $Ca_2Na_2Si_3O_9$ zeigte. Dies hat seinen Grund sicher darin, daß der Bildung von Pektolith aus $Ca_2Na_2Si_3O_9$ eine hydrolytische Aufspaltung dieser hochmolekularen Substanz vorausgehen muß.

Weitere Reaktionen des $Ca_2Na_2Si_3O_9$ sind im übernächsten Abschnitt (S. 49) beschrieben.

Außer aus $Ca_2Na_2Si_3O_9$ läßt sich der Pektolith, wie nun leicht einzusehen, auch aus der Verbindung $CaNa_4Si_3O_9$ — auf die S. 50 kurz eingegangen wird — im Autoklaven bei 200° bei Gegenwart von wenig Wasser gewinnen. Das $CaNa_4Si_3O_9$ hydrolysiert nämlich ebenfalls bei großem Wasserüberschuß in $Ca[H_2SiO_4]$ und $Na_2[H_2SiO_4]$.

Nach bisherigen Beobachtungen reagiert das $Ca[H_2SiO_4]$ mit einer Lösung von $Na_2[H_2SiO_4]$ unter sonst gleichen Bedingungen merkwürdigerweise aber nicht, was wahrscheinlich darauf zurückzuführen ist, daß bei diesem Ansatz nicht das richtige Konzentrationsverhältnis von Ca'' : $Na^{\cdot}$: OH'-Ionen vorlag.

Daß es sich bei den aus $Ca_2Na_2Si_3O_9$ mit wenig Wasser bei 200° entstehenden feinen Kristallnadeln tatsächlich um Pektolith handelt, geht — abgesehen davon, daß die Debyeaufnahme von natürlichem Pektolith und den synthetischen Produkten ununterscheidbar gleich sind — aus der Analyse der unter dem Mikroskop als einheitlich erkannten Substanz hervor. Ihre Zusammensetzung ergab sich zu:

Tabelle 15

Analyse des synthetischen Pektoliths

		SiO_2	CaO	$\frac{1}{2}$ Na_2O	H_2O
gefunden	Gew.-%	52,45	32,77	9,24	5,51
	Mole	3,00	2,01	1,02	1,05
berechnet für $Ca_2Na[HSi_3O_9]$	Gew.-%	54,21	33,75	9,33	2,71
	Mole	3,00	2,00	1,00	0,50

also bis auf den Wassergehalt den theoretischen Werten voll entsprechend.

Tabelle 16
Debyeogramm des synthetischen Pektoliths, das identisch mit dem des natürlichen ist

$\vartheta/2$	I	$\vartheta/2$	I
11,6	s	27,8	s
13,2	ss	28,8	s
13,8	m	30,0	m
14,6	st	30,5	ss
15,4	sst	31,4	ss
16,4	s	31,8	m
17,4	s	34,2	s(d)
18,6	s	36,4	m
19,6	st	38,4	s
21,0	m	39,8	ss
21,8	s	41,3	s
22,6	sss	42,8	s
23,4—24,4	s(d)	44,3	st
25,0	sss	45,1	ss
26,0	st	47,6	ss
26,8	st	50,8	s

Von Wasser wird das synthetische Produkt oberflächlich hydrolysiert. Das p_H der Lösung hat den Wert 9,5, der mit dem des natürlichen Pektoliths übereinstimmt.

Außer der Analyse und dem Debyeogramm stimmen beim synthetischen und natürlichen Pektolith auch die mit Petroleum als Sperrflüssigkeit pyknometrisch bestimmten Dichten überein. Es wurde für verschiedene, stets Mangan enthaltene Pektolithe 2,74—2,88 g/ccm gefunden; das synthetische, manganfreie Produkt hat die Dichte 2,71 g/ccm.

e) Der Wassergehalt von Pektolith und Wollastonit

Auffallend ist, daß der Wassergehalt der synthetischen Nadeln mit 5,5% fast gleich mit dem des im Exsikkator getrockneten, natürlichen Pektoliths (5,8%) ist, was an Stelle des theoretischen Gehaltes von 2,7% = 0,5 Mol den Werten 1,05 bzw. 1,12 Mol H_2O entspricht. Wahrscheinlich handelt es sich bei dem Mehrbetrag von etwa 0,5 Mol H_2O um relativ fest gebundenes Einlagerungswasser in Hohlräumen des Kristalles, das genau wie beim Monohydrat des sicherlich ähnlich gebauten Natriumtrimetaphosphates $Na_3[P_3O_9]$. H_2O[23]) in den freibleibenden Plätzen der $[XO_3]$-Ionen (siehe Abb. 5) unterkommt, aus denen es nur schwer zu entfernen ist.

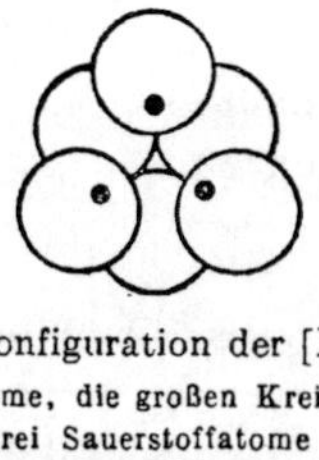

Abb. 5. Konfiguration der $[X_3O_9]$-Anionen
(Die schwarzen Punkte stellen die X-Atome, die großen Kreise die O-Atome dar. Nur zwei Lagen von Sauerstoffatomen sind gezeichnet. Die drei Sauerstoffatome der unteren Lage befinden sich senkrecht unter den drei oberen, voll ausgezeichneten Kreisen)

Dies würde es verständlich machen, daß sich auch das Kristallwasser des Pektoliths nur relativ schwer aus dem Gitter austreiben läßt und beim Entweichen dessen Struktur stark beeinträchtigt.

Auch beim Wollastonit, der das gleiche Ringanion $[Si_3O_9]^{6-}$ enthält wie der Pektolith, könnte, soweit er hydrothermal entstand, nach dieser Auffassung ebenfalls ein Wassergehalt auftreten, der nicht nur adsorbiert ist und bei etwa 100° noch nicht entfernbar sein dürfte.

Ein Präparat von Wollastonit, das bei 1000° durch etwa 10stündiges Erhitzen aus $Ca[H_2SiO_4]$ hergestellt worden war, wurde 100 Stunden lang bei 180° im Autoklaven der Einwirkung von Wasser ausgesetzt. Eine Aufnahme von konstitutionsgebundenem Wasser ist bei dieser, chemisch so besonders widerstandsfähigen Verbindung nicht zu erwarten*. Die Debyeaufnahme läßt den Wollastonit mit etwas schwächerer Linienintensität und Verbreiterung der Interferenzen erkennen. Die Dichte des bei 100° in der Trockenpistole und bei 140° im Gewicht konstanten Präparates betrug nach dieser Behandlung 2,79 (vorher 2,75).

Dieser so vorbehandelte Wollastonit zeigte beim Erhitzen auf 1000° einen Glühverlust, der 1,42%, das sind 0,37 Mol H_2O pro Mol Wollastonit, betrug. Bei der Berechnung des Mol-Volumens des $Ca_3[Si_3O_9]$ aus den Dichten ergibt sich in beiden Fällen 126,7 cm³ pro Mol $Ca_3[Si_3O_9]$ bzw. $Ca_3[Si_3O_9] \cdot 0{,}37\,H_2O$, was zeigt, daß das Wasser in natürlichen Hohlräumen der Struktur unterkommen muß, weil es keinen zusätzlichen Platz im Gitter beansprucht.

Die bei natürlichen Vorkommen von Pektolith und Wollastonit beschriebenen Wassergehalte dieser Substanzen (siehe DOELTER[32])), bewegen sich zwischen rund 0,5% und höchstens etwa 3% (beim Pektolith auf das über 0,5 Mol Konstitutionswasser hinausgehende Wasser bezogen), was mit der Aufnahme von bis zu 1 Mol H_2O für 2 Mole Substanz übereinstimmt.

f) Weitere Reaktionen des $(Ca_2Na_2Si_3O_9)_x$

Die Verbindung $Ca_2Na_2Si_3O_9$, die, wie schon S. 12 gesagt, als Dinatriumpseudowollastonit zu bezeichnen ist, entstand bei der Aufsprengung der Ringanionen des Wollastonits oder des Pektoliths durch Reaktion mit Soda im festen Zustand (siehe S. 46). Für die chemische Untersuchung des $Ca_2Na_2Si_3O_9$ wurde ein Präparat benutzt, das mit quantitativer Ausbeute gemäß der Gleichung

$$2\,CaSiO_3 + Na_2SiO_3 \rightarrow Ca_2Na_2Si_3O_9$$

durch Reaktion im festen Zustand bei 700° hergestellt worden war.

Das $Ca_2Na_2Si_3O_9$ ist eine pseudokubisch kristallisierende Substanz, die von WYCKOFF u. MOREY[2]) untersucht und beschrieben wurde. Ein aus Wollastonit und Soda (siehe oben) erhaltenes Präparat zeigte folgendes Debyeogramm:

Tabelle 17

$(Ca_2Na_2Si_3O_9)_x$

$\vartheta/2$	I	$\vartheta/2$	I
12,0	st	26,4	ss
13,5	st	28,5	sd
14,9	st	29,0	sd
17,1	sst	30,2	s
18,0	ss	31,4	ss
19,3	sss	32,6	sss
19,9	sss	33,8	s
21,9	m	35,7	ss
24,5	st	40,8	s
25,3	ss		

Sie hat die Dichte 2,84 und wird von Wasser angegriffen; die flüssige Phase zeigt in Berührung mit $Ca_2Na_2Si_3O_9$ einen p_H-Wert von 12—13. Gegen trockenes CO_2 ist die Verbindung beständig, bei gleichzeitiger Gegenwart von Feuchtigkeit wird sie zersetzt. In verdünnter Salzsäure ist sie unter teilweiser Ausscheidung von Kieselsäuregel löslich.

* W. KÖHLER[24]) findet, daß Wollastonit bei 300° mit Wasser im Autoklaven keine neuen Stoffe bildet.

Mit 20proz. Natronlauge tritt bei 180° Aufspaltung, wie bei jedem bisher untersuchten Silikat mit kettenförmigen Anionen, zum einfach sauren Monosilikat ein.

$$Ca_2Na_2Si_3O_9 + 2NaOH + H_2O \rightarrow 2CaNa[HSiO_4] + Na_2[H_2SiO_4]$$

Das feste Reaktionsprodukt hatte die Zusammensetzung:

$$0{,}96\,CaO \cdot 0{,}49\,Na_2O \cdot 1{,}0\,SiO_2 \cdot 0{,}58\,H_2O.$$

Die Hydrolysenprodukte, die mit verschiedenen Mengen Wasser bei 180° entstehen, sind z. T. sekundäre Bildungen; es wurden erhalten:

Bei Anwendung der 50fachen Gewichtsmenge Wasser in 20 Stunden: $Ca[H_2SiO_4]$, das durch Debyeaufnahme nachgewiesen wurde, wobei sich in Lösung $Na_2[H_2SiO_4]$ befand (durch Analyse des Eindampfrückstandes ermittelt). Diese verständliche hydrolytische Aufspaltung ist wahrscheinlich als die primäre anzusehen.

Wird nur etwa die 10fache Gewichtsmenge Wasser angewandt, so ist nach 4 Stunden bei 180° deutlich Pektolith neben restlicher Ausgangssubstanz in etwa gleicher Intensität im Röntgenbild vorhanden. Nach 8 Stunden ist der Bodenkörper der gleichen Mischung — laut mikroskopischem und Röntgenbefund — quantitativ in Pektolith übergegangen.

Durch das dabei in Lösung gegangene eine Mol Natriumsilikat steigt der p_H-Wert auf den zur Pektolithbildung notwendigen Betrag. Je nach der Menge des verwendeten Wassers im Verhältnis zum $Ca_2Na_2Si_3O_9$ ist die Ausbeute mehr oder weniger quantitativ.

Daß die eben beschriebene Pektolithbildung nicht dem direkten Reaktionsschema

$$Ca_2Na_2Si_3O_9 + H_2O \rightarrow Ca_2Na[HSi_3O_9] + NaOH$$

folgt, beweist die Entstehung von Pektolith bei Verwendung des $CaNa_4Si_3O_9$, das entsprechend dem $Ca_2Na_2Si_3O_9$ aus Wollastonit und Natriumsilikat leicht nach:

$$CaSiO_3 + 2Na_2SiO_3 \rightarrow CaNa_4Si_3O_9{*}$$

bei 700° herstellbar ist und bei dem die direkte Pektolithbildung nicht mehr erfolgen kann. Da das $CaNa_4Si_3O_9$ aber mit viel Wasser die gleichen Hydrolysenprodukte liefert wie $Ca_2Na_2Si_3O_9$, ist — bei geeigneter Zusammensetzung der flüssigen Phase — die sekundäre Bildung von Pektolith verständlich.

Eine bisher nicht näher verfolgte Andeutung dafür, daß bei verschiedenen p_H-Werten aus dem Dinatriumpseudowollastonit außer dem bereits angeführten Monosilikat $Ca[H_2SiO_4]$ und dem Tetrasilikat Xonotlit $Ca_4[Si_4O_{11}(OH)_2]$ noch andere Verbindungen, und zwar solche mit kettenförmigen Anionen verschiedener Gliederzahl gebildet werden können, lieferte folgende Beobachtung:

Bei der Anwendung der 100fachen Gewichtsmenge Wasser, bezogen auf $Ca_2Na_2Si_3O_9$, entsteht bei der Autoklavenbehandlung nach 40 Stunden bei 200° ein Produkt, dessen Röntgenaufnahme ähnlich dem des $Ca[H_2SiO_4]$ ist, aber einige andere Linien enthält, die mit keiner der bisher untersuchten Stoffe zu identifizieren sind. Die Analyse (in Mol) ergab:

$$0{,}85\,CaO \cdot 1{,}0\,SiO_2 \cdot 0{,}015\,Na_2O \cdot 0{,}6\,H_2O,$$

was der Zusammensetzung eines sauren Ca-Disilikates $Ca_2[Si_2O_7H_2]$, in dem 0,15 Atome $Ca^{\cdot\cdot}$-Ionen durch Wasserstoff ersetzt sind, entsprechen würde.

---

* Dem $CaNa_4Si_3O_9$ scheint ein eigenes — ebenfalls pseudokubisches — Röntgendiagramm zuzukommen, was allerdings nicht im einzelnen untersucht wurde. Die chemischen Eigenschaften sind denen des $Ca_2Na_2Si_3O_9$ sehr ähnlich.

Ein Versuchsansatz mit einem Mol $CaCl_2$ auf ein Mol $Ca_2Na_2Si_3O_9$ als Bezugseinheit mit der 10fachen Menge Wasser ergab bei 200° nach 15 Stunden ein Reaktionsprodukt aus einer Mischung von Wollastonit und Pseudowollastonit.

7. Konstitutionsbetrachtungen auf Grund der Molvolumina

Nach der Röntgenstrukturbestimmung von BARNICK[6]) liegt für die Wollastonitanionen $[Si_3O_9]^{6-}$ die Ringstruktur fest. Die ebenfalls ringförmige Struktur der Anionen des Pektoliths $[HOSi_3O_8]^{5-}$ wurden von WYCKOFF und Mitarbeitern[11]) und von WARREN u. BISCOE[10]) röntgenographisch nachgewiesen. Das chemische Verhalten des Pseudowollastonits (S. 42) und des Dinatriumpseudowollastonits (S. 49) unterscheidet sich von dem der Silikate mit Ringanionen so stark, daß ihren Anionen, wie oben geschehen, eine andere Konstitution zugeschrieben werden muß, und zwar die einer $[SiO_4]$-Tetraederkette, weil diese Verbindung im chemischen Verhalten eindeutig dem Disilikat $Ca_2Na_2[Si_2O_7]$ und dem Tetrasilikat Xonotlit $Ca_4[H_2Si_4O_{13}]$ ähneln, für die oben eine Kettenstruktur abgeleitet wurde.

Die Annahme eines kettenförmigen Baues der Anionen im Pseudo- und Dinatriumpseudowollastonit läßt sich, außer durch die chemischen Befunde, durch drei weitere Tatsachen sichern:

1. Pseudo- und Dinatriumpseudowollastonit haben ein kleineres Molvolumen als Wollastonit und Pektolith, weil ihre, sicherlich dem Klinoenstatit analog gebauten Kristalle im wesentlichen eine dichte Packung von Sauerstoffionen darstellen, in deren Lücken Si und die Kationen $Ca^{\cdot\cdot}$ und Na eingelagert sind; bei den Silikaten mit dreigliedrigen Ringanionen bleiben aber Hohlräume von der Größe eines Sauerstoffatoms pro Ringanion im Gitter frei.
2. Die Ringanionensilikate können ohne Volumenvermehrung bis zu einem Molekül Wasser in ihr Gitter einbauen, was bei den Silikaten mit Kettenanionen bisher nicht beobachtet wurde.
3. Der Vergleich der Molvolumina pro XO_3-Gruppe in Ring- und Kettensilikaten ergibt den Quotienten
$$\frac{SiO_3\ (Ring)}{SiO_3\ (Kette)} = 1{,}072,$$
der, wie Tab. 18 S. 52 zeigt, identisch ist mit dem Quotienten aus den Molvolumina bei den entsprechenden Phosphaten:
$$\frac{PO_3\ (Ring)}{PO_3\ (Kette)} = 1{,}066.$$

Für diesen Vergleich wurden synthetisch hergestellte, reinste Präparate verwendet. Die natürlichen Mineralien sind dafür unpraktisch, weil ihre spezifischen Gewichte wegen des in ihnen stets auftretenden Ersatzes der leichten $Ca^{\cdot\cdot}$-Kationen durch schwerere, besonders $Mn^{\cdot\cdot}$-Ionen, gefälscht erscheinen. Mit Hilfe von Petroleum als Sperrflüssigkeit wurden die Dichten der synthetischen Präparate pyknometrisch bei 25° bestimmt und aus diesen die Molvolumina berechnet. Von diesen Werten für die Molvolumina wurden die Volumina für die Kationen, die nach BILTZ u. LEMKE[26]) für $Ca^{\cdot\cdot}$- und $Na^{\cdot}$-Ionen gleich 6,5 cm^3/Kation betragen, abgezogen. Die Volumina pro Einheit SiO_3 ergaben sich dann durch Division der erhaltenen Werte durch 3.

Wie aus der folgenden Tabelle hervorgeht, ist der Volumenbedarf der Baueinheit SiO_3 im Wollastonit und Pektolith mit Dreiringanionen — unabhängig von darin befindlichem Wasser — mit 35,7 bzw. 35,8 cm^3/SiO_3 gleich groß, der für eine SiO_3-Gruppe im Pseudo- und Dinatriumspeudowollastonit mit 33,5 bzw. 32,9 cm^3/SiO_3 merklich kleiner. Im Mittel beträgt die Differenz 2,5 cm^3/SiO_3, d. h. 7% des Volumenbedarfs der SiO_3-Gruppe in den Ringanionen.

Tabelle 18

Vergleich der Dichten und Molvolumina von Silikaten und Phosphaten mit ring- und kettenförmigen Anionen

	Dichte γ	Formelgewicht M	Mol-Vol. M/γ	Mol-Vol. $-Vol_{Kat.}$	Vol. pro SiO_3 bzw. PO_3
Wollastonit	2,75	348,4	126,7	107,2	35,7
Wollastonit + 0,37 H_2O	2,79	353,3	126,7	107,2	35,7
Pektolith + 0,62 H_2O	2,71	343,5	126,8	107,3	35,8
Pseudowollastonit	2,90	348,4	120,1	100,6	33,5
$(Ca_2Na_2Si_3O_9)_x$	2,84	354,3	124,8	98,8	32,9
Natriumtrimetaphosphat $Na_3[P_3O_9]$	2,475	305,9	123,6	104,3	34,8
Maddrell'sches Salz $(NaPO_3)_x$ Hochtemperaturmodifikation	2,62	305,9	116,8	97,3	32,4

Entsprechendes wie beim Vergleich der Silikate findet sich beim Vergleich der Volumina pro Einheit PO_3 im Natriumtrimetaphosphat und MADRELLschen Salz in der Hochtemperaturmodifikation (vgl. THILO u. PLAETSCHKE[9]) sowie THILO u. HAUSCHILD[23]). Auch hier ist das Volumen der im Ring eingebauten PO_3-Gruppe um 2,4 ccm oder 6,9% größer als im Kettenanion.

8. Das $Ca_2[SiO_4]$

Wird eine fein verriebene Mischung von 2 Mol $CaCO_3$ mit 1 Mol SiO_2 auf 1000° erhitzt, so bildet sich die β-Modifikation des $Ca_2[SiO_4]$. Beim Abschrecken auf Zimmertemperatur bleibt diese Modifikation erhalten; wird die Ausgangsmischung auf 1300° erhitzt, kann aus ihr unter „Zerrieseln" der Kristalle die γ-Modifikation erhalten werden.

Von diesen beiden Modifikationen ist das γ-$Ca_2[SiO_4]$ sehr viel reaktionsträger als die β-Modifikation, die einer der Hauptträger der hydraulischen Eigenschaften der Zemente ist (vgl. EITEL[17]).

a) Verhalten der γ-Modifikation gegen Wasser

Unter allen bisher untersuchten Bedingungen reagiert das γ-$Ca_2[SiO_4]$ vorzugsweise gemäß der Gleichung

$$Ca_2[SiO_4] + 2H_2O \rightarrow Ca[H_2SiO_4] + Ca(OH)_2$$

unter Bildung von $Ca(OH)_2$ und $Ca[H_2SiO_4]$. Bei 20° verläuft die Hydrolyse sehr langsam, so daß mit großem Wasserüberschuß nach drei Tagen erst weniger als 50% der Substanz hydrolysiert sind, wobei sich — je nach der Menge angewandten Wassers — eine weitere Hydrolyse des $Ca[H_2SiO_4]$ zu $Ca(OH)_2$ und $SiO_2 \cdot aq$ anschließen kann. Das Fortschreiten der Hydrolyse wurde durch Titration jeweils abgenommener aliquoter Teile mit n/10 HCl bestimmt, aber nicht im einzelnen verfolgt, da die entstehenden Produkte für die hier zu behandelnden Probleme kein neues Interesse beanspruchten. Auch beim Erhitzen mit Wasser im Autoklaven bei Temperaturen bis 200° entstehen nur, wenn auch schneller, die gleichen Produkte.

b) Verhalten der β-Modifikation gegen Wasser

Das Verhalten des β-$Ca_2[SiO_4]$ unterscheidet sich von dem der γ-Modifikation dadurch, daß es nicht nur zu hydrolysieren, sondern auch Wasser unter Bildung von Hillebrandit zu addieren vermag, wenn die Temperatur einen Wert von 100° erreicht oder übersteigt. Je nach den angewandten Bedingungen tritt die Hydrolyse oder die Wasseraddition in den Vordergrund oder findet ausschließlich statt.

Verhalten gegen Wasser bis 100°. Beim Behandeln mit Wasser bis 100° verhält sich die β-Modifikation wie das γ-$Ca_2[SiO_4]$ und auch das $CaNa_2[SiO_4]$ (siehe S. 22). Es bildet sich als Bodenkörper $Ca[H_2SiO_4]$, das im Röntgendiagramm der hydrolysierten Substanz neu und ausschließlich auftritt, während $Ca(OH)_2$ in Lösung geht.

Verhalten gegen Wasser bei oder oberhalb 100°. Leitet man bei 20° mit Wasserdampf gesättigte Luft vier Tage lang bei 360° über β-$Ca_2[SiO_4]$, so erfolgt keine durch Gewichtsaufnahme feststellbare Veränderung. Wird aber gesättigter Wasserdampf bei 200° im Autoklaven zur Reaktion gebracht, so nimmt das β-$Ca_2[SiO_4]$ innerhalb von 8 Stunden gemäß der Gleichung

$$Ca_2[SiO_4] + H_2O \rightarrow (CaOH)Ca[SiO_3OH]$$

fast genau 1 Mol H_2O pro Mol $Ca_2[SiO_4]$ auf. Das entstehende Produkt erweist sich röntgenographisch als Hillebrandit.

Da der Hillebrandit ebenso wie das $Ca_2[SiO_4]$ mit flüssigem Wasser unter Abspaltung von $Ca(OH)_2$ und Bildung von $Ca[H_2SiO_4]$ reagiert, wurden — um diese Art der Hydrolyse zu vermeiden — die Reaktionen des β-$Ca_2[SiO_4]$ mit Wasser bei Temperaturen oberhalb von 100°, nicht unter Verwendung von reinem Wasser, sondern gesättigtem Kalkwasser untersucht. Bereits bei 100° entsteht dabei eine dem β-$Ca_2[SiO_4]$ gegenüber schon äußerlich veränderte Substanz.

Aus dem dichten und schweren β-Dicalciummonosilikat wird ein lockeres, sehr feines Pulver, das nach 50stündigem Stehen in der Trockenpistole bei 100° über P_2O_5 die Zusammensetzung $2{,}02\,CaO \cdot 1\,SiO_2 \cdot 1{,}5\,H_2O$ zeigte. In der Röntgenaufnahme waren nur wenige sehr schwache diffuse Linien gerade erkennbar, aus denen aber keine bekannte Substanz zu identifizieren war. Wird aber diese — bei 100° getrocknete — Substanz im geschlossenen Rohr auf 200° erhitzt, so rekristallisiert sie zu gut ausgebildetem Hillebrandit. Die Erhitzung des gleichen, bei 100° gewonnenen, noch nicht kristallinen Präparates an normaler Atmosphäre auf 500° ergab eine Substanz, deren Röntgendiagramm in Übereinstimmung mit ihrem Wassergehalt von 0,5 Mol H_2O/Si als das Kondensationsprodukt des Hillebrandits, nämlich das weiter unten näher beschriebene Disilikat $(CaOH)_2Ca_2[Si_2O_7]$, identifiziert wurde.

Nach Behandlung bei 100° war also das β-$Ca_2[SiO_4]$ schon umgesetzt, was das Verschwinden seiner Linien auf der Debyeaufnahme zeigte. Die neue Substanz Hillebrandit war in der Zusammensetzung schon erkennbar, aber noch nicht soweit kristallisiert, daß eine röntgenmäßige Identififzierung möglich war. Das beim Erhitzen gebildete Disilikat zeigt, daß die Substanz sich wie Hillebrandit verhält und die kristallographische Ordnung wegen der zu niedrigen Temperatur von 100° nicht ausreichte, um den schon chemisch vorhandenen Hillebrandit auch im Röntgenbild sichtbar zu machen. Wäre die amorphe Substanz ein einfaches Hydrat des $Ca_2[SiO_4]$, dann sollte bei der Entwässerung wieder das $Ca_2[SiO_4]$ zurückgebildet werden, was, wie gesagt, aber nicht der Fall ist.

Der Hillebrandit gibt bei der Hydrolyse mit Wasserüberschuß $Ca(OH)_2$ an die Lösung ab und geht nach der Gleichung:

$$(CaOH)Ca[HSiO_4] + H_2O \rightarrow Ca[H_2SiO_4] + Ca(OH)_2$$

in $Ca[H_2SiO_4]$ über. NACKEN[12]) formuliert das Hydrolysenprodukt als $CaO \cdot SiO_2 \cdot xH_2O$.

9. Der Hillebrandit $(CaOH)Ca[HSiO_4]$

Außer durch das Vorkommen als seltenes, natürliches Mineral ist Hillebrandit $2CaO \cdot SiO_2 \cdot H_2O$ schon länger bekannt. Er wurde wiederholt synthetisch entweder aus CaO und SiO_2 im Verhältnis von 2—5:1 oder aus $2CaO \cdot SiO_2$ bzw. $3CaO \cdot SiO_2$ erhalten.

Verschiedene Autoren finden eine Zusammensetzung ihrer Reaktionsprodukte, die nahe bei der theoretischen des Hillebrandits liegt aber mehr oder weniger starke Abweichungen im Röntgendiagramm von den Linienlagen des natürlichen Minerals.

Der Hillebrandit entsteht bei den verwendeten Darstellungsmethoden als feines, lockeres Pulver, das in trocknem Zustand gegen Lufteinflüsse kaum empfindlich ist. Zwei Proben verschieden hergestellter Präparate nahmen in drei Monaten an Zimmerluft nur 1,5% an Gewicht zu.

Die Bildung des Hillebrandits durch Wasseraufnahme aus dem β-$Ca_2[SiO_4]$ wurde soeben beschrieben. Außerdem sollte Hillebrandit — als saures Monosilikat — aus dem zweifach sauren Monosilikat $Ca[H_2SiO_4]$ mit $Ca(OH)_2$ erhältlich sein, so wie $CaNa[HSiO_4]$ aus $Ca[H_2SiO_4]$ mit Natronlauge oder Natriumäthylat gewonnen werden kann. Bei 100° tritt diese Reaktion zwar noch nicht ein, wohl aber bei 200° im Autoklaven und dann schon in 5 Stunden.

Zur Abtrennung von überschüssigem $Ca(OH)_2$ wurden die erhaltenen Produkte nach der Methode von FRANKE[15]) mit Acetessigester-Isobutanolgemisch behandelt. Die Analysen ergaben Werte zwischen

$$2{,}1 \text{ Mol } CaO \cdot 1\,SiO_2 \cdot 1{,}2\,H_2O$$
$$\text{und } 1{,}95 \text{ ,, } CaO \cdot 1\,SiO_2 \cdot 0{,}85\,H_2O,$$

so daß zwar Substanzen dabei zu finden sind, die mit der theoretischen Zusammensetzung praktisch übereinstimmen, im allgemeinen aber geringe Abweichungen zeigen, so daß die von fast allen Autoren beobachteten Schwankungen im Röntgendiagramm und in der Zusammensetzung auch bei dieser Darstellung des Hillebrandits aus $Ca[H_2SiO_4]$ auftreten, obwohl bei Verwendung des äußerst feinteiligen Ausgangsmaterials eine unvollständige Reaktion unwahrscheinlich ist.

Bei Röntgendiagrammen beobachtete Abweichungen. Daß auch die richtige analytische Zusammensetzung zu Täuschungen Anlaß geben kann, ergibt sich, wenn man bedenkt, daß Hillebrandit — wie auch W. JANDER u. FRANKE[7]) feststellten — sehr hartnäckig $Ca(OH)_2$, möglicherweise eingelagert, festhalten kann, so daß mehrmalige Behandlung mit Acetessigestergemisch zur Reinigung notwendig ist. Da aus SiO_2 und CaO als Ausgangsmaterial hydrothermal entsprechend der Gleichung:

$$Ca[H_2SiO_4] + Ca(OH)_2 \rightarrow (CaOH)Ca[HSiO_4] + H_2O$$

auch $Ca[H_2SiO_4]$ gebildet wird, können, wenn man andere denkbare, allerdings unwahrscheinliche Bestandteile nicht berücksichtigt, nebeneinander die Komponenten

$$2CaO \cdot SiO_2 \cdot H_2O$$
$$\text{und } \left\{\begin{matrix} CaO \cdot SiO_2 \cdot H_2O \\ CaO \quad\quad \cdot H_2O \end{matrix}\right\} = 2CaO \cdot SiO_2 \cdot aq$$

vorkommen, von denen beim Verhältnis $CaO : SiO_2 = 2:1$ bei 200° der großen Bildungstendenz des Hillebrandits wegen überwiegend letzterer gebildet wird.

Um sicher zu sein, jeweils reinen Hillebrandit vor sich zu haben, ist es notwendig, daß die Substanz

1. die richtige analytische Zusammensetzung hat und
2. ein Röntgendiagramm zeigt, das sicher frei von den starken Linien des auch in kleiner Menge leicht erkennbaren $Ca(OH)_2$ ist.

Die Hillebranditbildung aus $Ca[H_2SiO_4]$ bei Gegenwart eines *Überschusses* an CaO und nachträglichem Herauslösen des nicht verbrauchten $Ca(OH)_2$ mit Acetessigester-Isobutanolgemisch, verläuft am besten, wenn eine Erhitzungsdauer von etwa 200 Stunden bei 180° eingehalten wird. Schon am Titrationswert des Lösungsmittelgemisches, das den $Ca(OH)_2$-

Tabelle 19

Debyeaufnahmen von nach verschiedenen Methoden hergestelltem Hillebrandit im Vergleich mit dem natürlichen Mineral und den Angaben anderer Autoren

Hillebrandit nat.		Hillebrandit JANDER u. FRANKE[7])		Hillebrandit KÖHLER[24])		Hillebrandit aus $Ca[H_2SiO_4] + Ca(OH)_2$		Hillebrandit aus $Ca_2[SiO_4] + H_2O$		Hillebrandit aus $CaNa[HSiO_4] + Ca(OH)_2$	
$\vartheta/2$	I	$\vartheta/2$	I	$\vartheta/2$	I	$\vartheta/2$	I	$\vartheta/2$	I	$\vartheta/2$	I
		9,2	mst								
		10,7	ms								
12,6	s	12,6	m								
13,3	m	13,3	m	13,5	st	13,5	s			13,4	m
14,2	s	14,7	s							14,8	m
15,2	sst	15,2	sst	15,3	sst	15,0	sst	15,3	st	15,5	m
16,0	m	16,1	ms			16,0	m			16,1	ss
16,7	s	16,7	ms	17,0	mst	16,8	s			16,7	ss
						17,4	s			17,6	st
18,2	m			18,2	mst	18,2	s	18,0	ms	18,0	m
18,8	ss	18,8	mst								
										19,5	ss
20,3	s	19,9	st	19,9	mst	20,0	ss			20,0	ss
20,8	m			20,8	ms						
21,5	s							21,3	s	21,4	s
22,1	m	21,8	ms	21,7	st	22,0	ms	22,0	s		
23,1	m	23,2	st	23,1	ss					22,5	s
24,2	m	24,2	mst	24,2	sst	24,2	st	24,0	m	24,0	sst
								24,5	s	24,7	ss
25,0	st	25,1	mst	25,0	s					25,3	m
		25,8	s								
26,3	st	26,2	ss	26,0	st	26,0	m	26,2	ss		
27,3	ss			27,0	mst	27,4	m	27,4	ss	27,2	ss
28,2	ss	28,0	m	28,1	ms	28,3	ss			27,9	m
28,8	m					29,0	ss			28,5	ss
29,5	ss	29,5	ms	29,4	mst	29,8	s	29,5	s	29,8	m
30,2	m	30,3	ms								
30,7	s			30,6	ss			30,9	s	31,0	ss
31,6	s	31,6	s							31,8	s
32,5	s	32,8	ss	32,5	mst	32,6	s	32,4	s		
								33,4	ms	33,1	ss
34,7	s	34,2	ms	34,2	ms						
		35,2	ms	35,2	ms						
36,2	s					36,2	s				
37,5	m	37,0	ss							37,6	s
				38,1	s					38,5	s
39,4	s	39,0	ss	39,6	ms	40,0	s	39,9	s		
40,5	m	40,5	m	40,6	ms						
				41,1	ms			41,0	ss	41,2	m
42,0	m					42,5	s	42,0	s		
43,3	m	43,3	m	43,6	s			43,5	ss	43,8	s
		44,9	s								
46,5	m	46,5	ss	46,2	s	46,2	ss	46,5	s		
47,8	m	48,1	ss	47,6	s					47,7	ss

Überschuß gelöst enthält, findet man meist sehr genau den Überschuß an CaO wieder, was durch Analyse des gereinigten Produktes seine Bestätigung erhält.

Da die Bildung des Hillebrandit neben röntgenamorphen Substanzen auch bei der hydrothermalen Umsetzung von $CaNa_2[SiO_4]$ mit $CaCl_2$-Lösungen festgestellt wurde, war auch eine Umsetzung von $CaNa[HSiO_4]$ mit $Ca(OH)_2$ zu Hillebrandit zu erwarten.

Die Umsetzung zwischen diesen beiden Substanzen verläuft zwar bei 100° ebenfalls noch nicht, bei 180° aber in 20 Stunden vollständig. Das $CaNa[HSiO_4]$ ist verschwunden und zu Hillebrandit umgesetzt, wie Röntgenaufnahmen zeigten. Die Analyse ergibt (in Molen):

$$1{,}9\,CaO \cdot 1\,SiO_2 \cdot 0{,}85\,H_2O,$$

das Glühprodukt ist β-$Ca_2[SiO_4]$.

Die in der Literatur angegebenen Linienlagen von Hillebrandit sind mit drei hier erhaltenen, verschieden hergestellten Präparaten von Hillebrandit in Tab. 19 zusammen aufgeführt.

Da bei der zuletzt angegebenen Umsetzung von $CaNa[HSiO_4]$ mit $Ca(OH)_2$ praktisch nur Hillebrandit gebildet wird, so ist nach den beim $CaNa_2[SiO_4]$ (S. 25) gebrachten Ausführungen, denen zufolge beim Monosilikat eine saure OH-Gruppe am Silicium in Gegenwart von Wasser auch bei höchster Alkalikonzentration ausgebildet wird und unter hydrothermalen Bedingungen nicht wieder durch Kationen ersetzt werden kann, die Konstitution des Hillebrandits als einfach saures Monosilikat durch einen weiteren Beleg sehr wahrscheinlich gemacht. Die Konstitution vom Hillebrandit ist, wie S. 13 schon angeführt wurde, folgendermaßen anzunehmen:

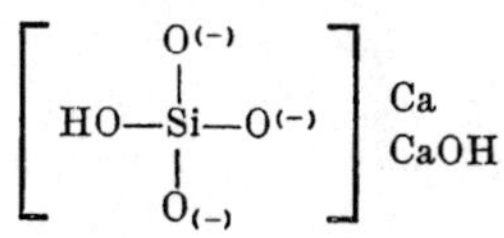

und wird bestätigt durch die Vorgänge bei seiner thermischen Entwässerung.

a) Die Entwässerung von Hillebrandit

Die Entwässerung des Hillebrandit geht beim Erhitzen im getrockneten und CO_2-freien Luftstrom — wie S. 14 erwähnt wurde — in zwei Stufen vor sich, die nach folgenden Gleichungen verlaufen:

1. $2\,(CaOH)Ca[SiO_3OH] \rightarrow (CaOH)_2Ca_2[Si_2O_7] + H_2O$ und
2. $(CaOH)_2Ca_2[Si_2O_7] \rightarrow 2\,Ca_2[SiO_4] + H_2O$.

Das zwischen etwa 400 und 500° beständige Halbhydrat (siehe Entwässerungskurve Abb. 6.)

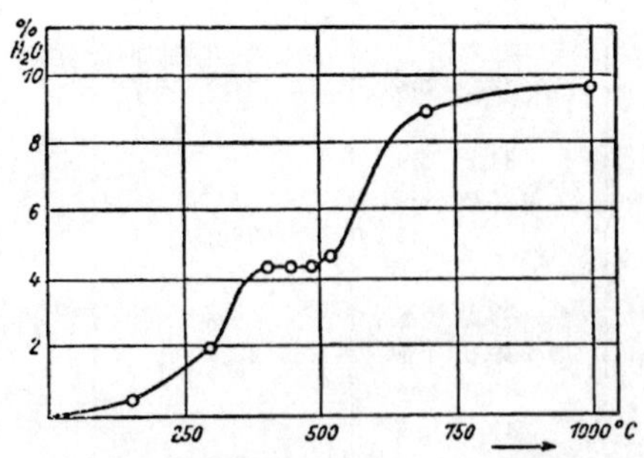

Abb. 6. Entwässerungsverlauf des Hillebrandits

hat ein eigenes Röntgendiagramm, das in seinen Linienlagen mit den Angaben von W. JANDER u. FRANKE übereinstimmt.

Tabelle 20

Vergleich der Diagramme des von JANDER u. FRANKE[7]) bei $> 305°$ hergestellten Halbhydrates des Dicalciumsilikates mit dem Erhitzungsprodukt von Hillebrandit (500°) $(CaOH)_2Ca_2[Si_2O_7]$. (Die Filme des letzteren enthalten noch eine große Zahl von weiteren Linien, die aber zu schwach sind, um vermessen werden zu können)

$2CaO \cdot SiO_2 \cdot 0{,}5H_2O$ Jander u. Franke		Hillebrandit 500°		$2CaO \cdot SiO_2 \cdot 0{,}5H_2O$ Jander u. Franke		Hillebrandit 500°	
$\vartheta/2$	I	$\vartheta/2$	I	$\vartheta/2$	I	$\vartheta/2$	I
11,3	ss			26,65	ss		
13,5	m	13,1	s	27,5	ss		
14,75	m	14,8	sst	28,3	m	28,0 }	sd
15,5	m			29,4	m	29,0 }	sd
16,1	sst	16,2	m	30,26	s	29,9	ss
16,6	m					30,6	ss
17,16	ss			31,15	s		
17,9	m	18,0	m	32,0	sss		
18,3	sss			32,55	sss		
19,0	sss			33,4	ss		
19,9	st	19,8	m	34,6	sss		
20,4	s			35,65	sss		
21,35	sss			36,35	sss		
		21,9	m	37,35	ss	37,4	m
22,9	ss			40,35	sss		
23,6	s	23,6	st	41,6	ss	41,5	s
24,5	sss			43,75	ss		
25,15	m	25,3	s			45,0	s
25,75	sss					47,5	s

Die Abgabe der zweiten Hälfte des Wassers findet zum größten Teil zwischen 600 und 700° statt; hierbei bildet sich die β-Modifikation des $Ca_2[SiO_4]$.

10. Bemerkungen über die bei der Hydrolyse von neutralen Monosilikaten als Primärprodukte beobachteten instabilen Phase

In zwei Fällen wurde bei den im Vorhergehenden beschriebenen Reaktionen das Auftreten instabiler Phasen beobachtet, die sich auf Grund ihrer analytischen Zusammensetzung und ihres chemischen Verhaltens als neue chemische Individuen zu erkennen gaben.

1. Bei der Hydrolyse des $CaNa_2[SiO_4]$ mit Wasser bei Zimmertemperatur entsteht (siehe S. 22ff.) zunächst die Verbindung $CaNa[HSiO_4]$ in einem sehr reaktionsfähigen Zustand mit dem Röntgenogramm der Ausgangssubstanz $CaNa_2[SiO_4]$. Erst bei 180° geht diese instabile Form in die stabile Phase $CaNa[HSiO_4]$ mit eigenem Gitter über (siehe S. 24).
2. Bei der Reaktion des β-$Ca_2[SiO_4]$ mit Wasserdampf bei 100° entsteht eine röntgenamorphe Substanz der Zusammensetzung $HOCa_2[HSiO_4]$, die zwar eindeutig die Reaktionen des Hillebrandits zeigt (siehe S. 53), aber erst bei etwa 200° in die stabile Form mit eigenem Gitter übergeht.

Diese Art von Reaktionsablauf dürfte allgemeinere Bedeutung haben und vielleicht bei der Hydrolyse von silikatischen Mineralien in der Natur häufiger auftreten. Sie mag ihren Grund darin haben, daß die kleinen $H^{\cdot}$-Ionen schon bei tiefen Temperaturen die Möglichkeit besitzen, in die hydrolysierbaren Kristallgitter einzudringen und nach und nach die Kationen topochemisch zu verdrängen, weil die Gitter dabei weiträumiger werden. Erst bei vollständigem, stöchiometrischem Ersatz finden derartige Reaktionen ihr Ende und führen dann zu chemisch definierten Verbindungen. Diese Primärprodukte sind entweder amorph oder pseudomorph nach dem Ausgangsgitter und sehr reaktionsfähig und weiter hydrolysierbar.

Erst eine, von Fall zu Fall sicher verschiedene Mindesttemperatur ist notwendig, um den Betrag an Aktivierungsenergie zu liefern, mit dem das Umklappen des Gitters in die stabile Form möglich wird, was aber unter natürlichen Bedingungen nur selten aufzutreten scheint. Solche instabilen, aktiven Formen, die sich bei tiefen Temperaturen bilden, werden es — wenigstens zum Teil — auch sein, die als Primärprodukte bei der Hydratation der Zementklinkermineralien entstehen. Erst sekundäre Umwandlungen werden den eigentlichen Erhärtungsvorgang darstellen, bei dem dann auch die verschiedenartigen OH-Gruppen der Ca-Hydrosilikate (und Aluminate) eine bisher noch unbekannte Rolle spielen werden.

Aus dem I. Chem. Inst. der Humboldt-Universität Berlin, Oktober 1950.

IV. LITERATURVERZEICHNIS

[1]) F. W. Barth u. E. Posnjak: Z. Kristallogr. 81, 370, 1932.
[2]) R. W. G. Wyckoff u. G. W. Morey: Am. J. Sci. 12, 419, 1926; Strukturber. Bd. I, 330.
[3]) E. P. Flint, H. F. McMurdie u. L. S. Wells: J. Res. nat. Bur. Standards, 21, 617–638, 1938 (zit. n. C. 1939. I. 4021)
[4]) W. H. Zachariasen u. G. E. Ziegler: Z. Kristallogr. 81, 92, 1931.
[5]) W. Biltz u. E. Rahlfs: Z. anorg. Ch. 172, 273, 1928.
[6]) M. Barnick: Strukturber. Bd. IV, 71 u. 207, 1936.
[7]) W. Jander u. B. Franke: Z. anorg. Ch. 247, 168, 1941.
[8]) K. Hild u. G. Trömel: Z. anorg. Ch. 215, 333, 1933.
[9]) E. Thilo u. I. Plaetschke: Z. anorg. Ch. 260, 297, 1949.
[10]) B. E. Warren u. I. Biscoe: Z. Kristallogr. 80, 391, 1931.
[11]) R. W. G. Wyckoff, H. E. Merwin u. H. S. Washington: Amer. J. Sci. 10, 382, 1925.
[12]) R. Nacken: Zement. 24, 183, 214, 1935.
[13]) V. A. Vigfusson: Amer. J. Sci. 21, 67, 1931.
[14]) S. Nagai: Z. anorg. Chem. 87, 52, 1914; 206, 177, 1932; 207, 321, 1932.
[15]) B. Franke: Z. anorg. Ch. 247, 180, 1941.
[16]) R. Fricke, O. Lohrmann u. W. Schröder: Z. Elektroch. 47, 374, 1941.
[17]) W. Eitel: Physikal. Chem. d. Silikate, Barth/Leipzig, 1941.
[18]) E. Brandenberger: Röntgenographisch-analytische Chemie, Birkhäuser/Basel, 1945.
[19]) E. P. Flint u. L. S. Wells: J. Res. Bur. Standards. 12, 751, 1934.
[20]) L. Cambi u. G. Bozza: Ann. Chim. appllic. 13, 222, 1923.
[21]) D. S. Beljankin u. W. R. Iwanowa: Zbl. Mineral. Geol. Paläonth. A. 327, 1933.
[22]) D. P. Sserdjutschenko: Ber. Akad. Wiss. UdSSR. 67, 725, 1949.
[23]) E. Thilo u. U. Hauschild: Z. anorg. Ch. 261, 324, 1950.
[24]) W. Köhler: Tonindustrie-Z. 59, 739 u. 754, 1935.
[25]) E. Thilo u. R. Rätz: Z. anorg. Ch. 258, 33, 1949.
[26]) W. Biltz u. A. Lemke: Z. anorg. Ch. 203, 330, 1932.
[27]) M. Schläpfer u. P. Niggli: Z. anorg. Ch. 87, 52, 1914.
[28]) F. Klasse u. H. Kühl: Zement. 1/2, 1928.
[29]) T. Thorvaldson u. V. A. Vigfusson: Trans. Roy. Soc. Canada. 22, 423, 1928.
[30]) J. R. Baylis: Journ. physical. Chem. 32, 1236—1262.
[31]) B. Tavasci: Ann. Chim. applic. 23, 413, 1933.
[32]) C. Doelter: Handb. d. Mineralchem., Dresden u. Leipzig, 1912.
[33]) V. A. Vigfusson, G. N. Bates u. T. Thorvaldson: Canad. J. Res. 11, 520, 1934.
[34]) H. Kühl u. A. Mann: Tonindustrie-Z. 58, 862, 1934.
[35]) J. Foret: C. R. hebd Seances Acad. Sci. 204, 977, 1937; 203, 80, 1936.
[36]) P. S. Roller u. Guy Ervin jr.: J. Amer. chem. Soc. 62. 461, 1940.
[37]) H. W. Kohlschütter u. G. Krämer: Z. Angew. Ch. 62, 338, 1950.
[38]) H. Streese u. U. Hofmann: Z. anorg. Ch. 247, 65, 1941.
[39]) H. Lange u. M. v. Stackelberg: Z. anorg. Ch. 256, 273, 1948.
[40]) G. Jander u. W. Heukeshoven: Z. anorg. Ch. 201, 361, 1931.
[41]) G. Jander u. K. F. Jahr: Z. anorg. Ch. 219, 263, 1934.
[42]) L. Helmholtz: J. Chem. Phys. 4, 316, 1936 (zitiert nach Strukturbericht IV, S. 175, 1938).
[43]) M. Y. Colby: Z. Kristallogr. 77, 49, 1931.
[44]) H. O'Daniel u. L. Tscheischwili: N. Jahrb. f. Mineralogie usw., Monatshefte Jahrg. 1945–1948. Abt. A S. 56–64
[45]) E. Thilo u. H. Funk: Z. anorg. Ch. 262, 185, 1950.

V. SACHREGISTER

A. Die eingehend untersuchten Verbindungen

B. Gelegentlich erwähnte Verbindungen und Methodisches

ABHANDLUNGEN DER DEUTSCHEN AKADEMIE DER WISSENSCHAFTEN ZU BERLIN

KLASSE FÜR MATHEMATIK UND ALLGEMEINE NATURWISSENSCHAFTEN

ERICH THILO/ HERBERT FUNK/ EVA MARIA WICHMANN	Über neutrale und saure Salze niedrigmolekularer Kieselsäuren und ihre Kondensationsprodukte (vorliegende Veröffentlichung)	
W. A. AMBARZUMIAN	Die Sternassoziationen und die Entstehung der Sterne	DM 1,50
HELMUT HASSE	Allgemeine Theorie der Gaußschen Summen in algebraischen Zahlkörpern	DM 3,—
ARNO HERMANN MÜLLER	Grundlagen der Biostratonomie (im Druck)	
P. LUCKEY	Lehrbrief über den Kreisumfang von Gamsid b Masud al-Kasi (herausgegeben von A. Siggel) (im Druck)	

MATHEMATISCH-NATURWISSENSCHAFTLICHE KLASSE

Es sind u. a. erschienen:

PAUL GUTHNICK	Untersuchungen über das System Beta Lyrae	DM 4,—
PAUL RAMDOHR	Die orientierten Verwachsungen von Bleiglanz, Cotunnit und Anglesit der Grube Christian Levin bei Essen-Borbeck. (Mit einer Bemerkung über Verwachsungen von Bleiglanz und Phosgenit)	DM 4,—
HANS STILLE	Ur- und Neuozeane	DM 7,—
PAUL GUTHNICK	Ein Universalinstrument für lichtelektrische Helligkeitsmessungen an Himmelsobjekten	DM 2,—
PAUL GUTHNICK	Über einen eigenartigen neuen Bedeckungsveränderlichen. I. Mitteilung	DM 2,—
HELMUT HASSE	Invariante Kennzeichnung relativ-abelscher Zahlkörper mit vorgegebener Galoisgruppe über einem Teilkörper des Grundkörpers	DM 6,—
ADOLF LUDIN	Die physio-geographischen Planungsgrundlagen für den Vollausbau des Rio Negro in Uruguay im Interesse von Wasserkraftnutzung, Schiffahrt und Landeskultur. (Ein Beitrag zur Gewässerkunde Südamerikas)	DM 5,—
WALTER GROSS	Die paläontologische und stratigraphische Bedeutung der Wirbeltierfaunen des Old Reds und der marinen altpaläozoischen Schichten	DM 12,—
WOLFGANG HEUBNER	Katalytische Wandlungen am Blutfarbstoff	DM 2,—
OTTO WARBURG	Ideen zur Fermentchemie der Tumoren	DM 2,50
LOTHAR WENDT	Die Ermittlung des Erregungsablaufs in ungeschädigten und geschädigten Herzen durch Analyse des Elektrokardiogramms und des Vektordiagramms	DM 12,50

Die erschienenen Hefte sind an die Festbezieher ausgeliefert und können nunmehr auch einzeln abgegeben werden. Wir bitten Bestellungen baldmöglichst aufzugeben, damit die Lieferung erfolgen kann, ehe die Auflagen vergriffen sind.

AKADEMIE-VERLAG · BERLIN NW 7

MIX
Papier | Fördert gute Waldnutzung
FSC® C083411

Zeitfracht Medien GmbH
Ferdinand-Jühlke-Straße 7
99095 Erfurt, Deutschland
produktsicherheit@kolibri360.de